中等职业教育机械类专业系列教材
数控技术应用专业教学用书

# 模具概论及典型结构

主　编　任登安
副主编　陈怀宝
参　编　赵　添　徐永太
主　审　柴彬堂

机械工业出版社

本书系统、全面地介绍了各种模具成型工艺及模具的结构。全书共分为概论，冲压工艺及模具，塑料注射工艺及模具，其他模具和模具寿命与模具材料五章。每章都附有适量的复习思考题。

　　本书可作为中等职业学校数控技术应用、机械制造、机电一体化等机械类专业教学用书，也可供从事模具设计的技术人员参考。

## 图书在版编目（CIP）数据

模具概论及典型结构/任登安主编 . —北京：机械工业出版社，2009.5
（2021.8 重印）
中等职业教育机械类专业系列教材．数控技术应用专业教学用书
ISBN 978-7-111-26432-3

Ⅰ. 模… Ⅱ. 任… Ⅲ. 模具 – 专业学校 – 教材 Ⅳ. TG76

中国版本图书馆 CIP 数据核字（2009）第 026509 号

机械工业出版社（北京市百万庄大街 22 号　邮政编码 100037）
策划编辑：汪光灿　责任编辑：张云鹏
版式设计：霍永明　责任校对：张　媛
封面设计：陈　沛　责任印制：单爱军
北京虎彩文化传播有限公司印刷（北京虎彩文化传播有限公司装订）
2021 年 8 月第 1 版第 6 次印刷
184mm×260mm·10 印张·243 千字
标准书号：ISBN 978-7-111-26432-3
定价：32.00 元

电话服务　　　　　　　网络服务
客服电话：010-88361066　机　工　官　网：www.cmpbook.com
　　　　　010-88379833　机　工　官　博：weibo.com/cmp1952
　　　　　010-68326294　金　书　网：www.golden-book.com
**封底无防伪标均为盗版**　机工教育服务网：www.cmpedu.com

# 前　　言

根据教育部"现阶段技能型人才的培养培训方案"的指导思想，以 21 世纪中等职业教育的人才需求为出发点，并结合最新的专业教学计划，我们组织并编写了本书。

"模具概论及典型结构"是中等职业学校数控（机电）类专业的主干课程。本书可作为中等职业学校数控技术应用、机械制造、机电一体化等机械类专业教学用书，也可供从事模具设计的技术人员参考。

在本书编写过程中，编者从适应中等职业学校的教学要求和生产实际出发，力求做到简明通俗及"实用、够用"。本书内容包括概论，冲压工艺及模具，塑料注射工艺及模具，其他模具和模具寿命与模具材料五部分。参考授课学时为 60～80 学时，各章节参考学时见下表：

| 课　程　内　容 | 学时数 |
| --- | --- |
| 第一章　概论 | 2 |
| 第二章　冲压工艺及模具 | 18 |
| 第三章　塑料注射工艺及模具 | 26 |
| 第四章　其他模具 | 20 |
| 第五章　模具寿命与模具材料 | 4 |
| 机　　动 | 6 |

本书编写的特点：

1）以常用的冲压模具、塑料注射模具为重点，简单介绍其他模具。每种模具单独成章或节，方便不同专业选取。

2）每种模具介绍均包括其成型工艺、设备、模具结构等，而讲解重点为模具结构。

3）为便于学生复习、巩固所学知识，各章都附有复习思考题。

4）文字表述通俗易懂，简明扼要，图文对照，便于教学和自学。

本书由重庆市工业学校任登安担任主编（第一章、第三章、第四章的第一节、第二节），甘肃省机械工业学校陈怀宝担任副主编（第二章的第一、二、三、四节），重庆市工业学校徐永太（第二章的第五、六节）、赵添（第四章的第三节、第四节、第五节及第五章）参与了本书的编写。全书由重庆市工业学校柴彬堂主审。主审在本书的编写过程中提出了大量的宝贵意见，在此表示衷心感谢。

由于编者水平有限，书中缺点和错误在所难免，恳请广大读者批评指正。

编　者

# 目　　录

# 第一章 概　　论

【学习目的】
1. 熟悉模具的定义及类型。
2. 理解模具制造的要求及过程。
3. 了解模具技术的发展。

模具是利用自身形状来成型物品的工具，是工业生产中的重要基础装备之一。例如，冲压件是通过冲压方式，使板料在模具内成型而获得的。由于模具成型具有加工精度高、生产效率高和生产成本低等特点，现已在国民经济各个部门，特别是汽车、工程机械、航天航空、仪器仪表、机械制造、家用电器、石油化工、轻工日用品中广泛应用。

随着社会的发展，人们对工业产品的种类、数量、质量及款式的要求越来越高。为了满足人们的需要，世界各国都十分重视模具技术的开发，大力发展模具工业，积极采用先进技术和设备，提高模具制造水平，并取得了显著的经济效益。研究和发展模具技术，对促进国民经济的发展具有特别重要的意义。模具技术已成为衡量一个国家制造技术水平的重要标志。

## 一、模具的类型

模具种类繁多，广泛应用的有塑料模、冲压模、压铸模、锻模、橡皮模、玻璃模和陶瓷模等。其中，冲压模、塑料模和压铸模用量最大，结构也最为复杂。

### 1. 冲压模具

冲压加工是依靠冲压模具（图1-1）和冲压设备，使板料直接成型的加工方法，它便于实现自动化，生产率很高。冲压模具是将材料批量加工成所需冲压件的专用工具。冲模在冲压生产中至关重要，没有符合要求的冲模，冲压就无法进行。

### 2. 塑料模具

塑料模具的分类方法很多，按其成型方法的不同，可将塑料模具分为以下几类：

（1）塑料注射模具　注射成型是指有一定形状的模型，通过压力将熔融状态的塑料注入模腔而成型，其工艺原理是将固态的塑料按照一定的熔点融化，通过注射机的压力，用一定的速度注入模具内，再经冷却，将塑料固化而得到与设计模腔一样的产品。注射成型所用的模具称为塑料注射模具。塑料注射模具又称为注射模、注塑模，由动、定模组成，如图1-2所示。

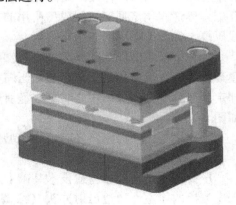

图1-1　冲压模具

注射成型不但能成型形状复杂、精度高的塑件，而且生产效率高，自动化程度高，主要用于热塑性塑料的成型，也可用于热固性塑料的成型。塑料注射模具在塑料模中占有很大的比例。

（2）挤出成型模具　挤出成型可成型绝大部分热塑性塑料和部分热固性塑料。成型热塑性塑料时，将塑料原料经挤出机的料斗输送到料筒中加热，并在螺杆的旋转作用下，通过料筒内壁和螺杆表面摩擦剪切作用使塑料熔融，然后在一定压力的作用下，通过具有特定断面形状的机头挤出，再经低温冷却定型，最后得到具有所需断面形状的连续型材。挤出成型所用的模具称为挤出成型模具。挤出成型模具又称机头，如图1-3所示。

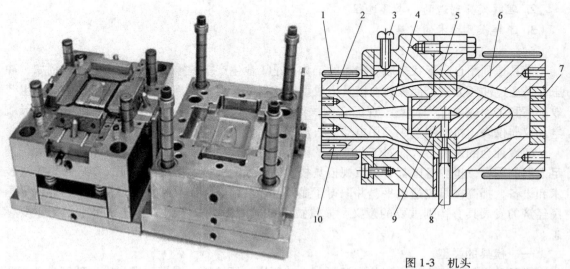

图1-3　机头

1—电加热器　2—口模　3—调节螺钉　4—芯模
5—分流器支架　6—机体　7—栅板
8—进气管　9—分流器　10—测温孔

图1-2　塑料注射模具

（3）压制成型模具　压制成型主要用于成型热固性塑料，也可用于成型热塑性塑料。成型热固性塑料时，将计量好的塑料直接加到模具的加料室或型腔中，然后合模，塑料在一定的温度和压力的共同作用下熔融流动，充满型腔。在热的进一步作用下，塑料分子发生交联反应，逐渐固化定型。压制成型所用的模具称为压制成型模具，压制成型模具又称为压缩模或压模，如图1-4所示。

（4）中空吹塑成型模具　中空吹塑成型是将由挤出或注射得到熔融状态的管状坯料置于模具型腔内，然后向管状坯料通入压缩空气，利用空气压力使管坯膨胀贴紧模腔壁，再经冷却定型得到中空塑件。中空吹塑成型所用的模具称为中空吹塑成型模具，常由两部分构成，如图1-5所示。

除此之外，塑料模具还有传递成型模具、真空成型模具、压缩空气成型模具等。

3. 压铸模具

压铸技术是在普通铸造技术基础上发展起来的一种先进工艺。压铸加工是将液态金属注入压铸机的压室，通过压射冲头（活塞）的运动，使液态金属在高压下高速的通过模具浇注系统并充填模具型腔，并在压力作用下使金属开始结晶，迅速冷却凝固成铸件。和普通铸件相比，压铸件内部组织致密，力学性能优良，尺寸精度高，表面质量好。压铸加工在机械工业、航天工业、汽车制造业和日用轻工业中都占有重要地位。压铸加工主要依靠压铸机和压铸模进行。压铸模也由动模和定模两部分组成，如图1-6所示。

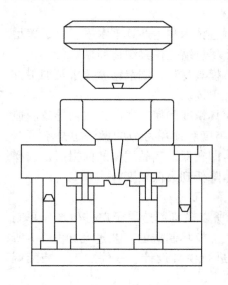

图1-4 压制成型模具

图1-5 中空吹塑成型模具

图1-6 压铸模

**二、模具制造的要求、过程和方法**

1. 模具制造的基本要求

在模具生产中，除了正确地进行模具设计，合理地采用模具结构外，还必须以先进的模具制造技术作为保证。制造模具时，应满足以下几个基本要求：

（1）制造精度高 为了生产合格的产品和发挥模具的效能，设计、制造的模具必须具有较高的精度。模具的精度主要由模具零件精度和模具结构精度决定。为了保证制品精度，模具工作部分的精度通常要比制品精度高2~4级；模具结构对上、下模之间的配合有较高要求，因此组成模具的零件都必须有足够的制造精度。

（2）使用寿命长 模具是比较昂贵的工艺装备，其使用寿命会直接影响产品的成本，因此，除小批量生产和新产品试制等特殊情况外，一般都要求模具有较长的使用寿命，在大批量生产的情况下，模具的使用寿命更加重要。

（3）制造周期短 模具的制造周期主要取决于模具制造技术和生产管理水平。为了满足生产需要，提高产品竞争能力，必须在保证质量的前提下尽量缩短模具制造周期。

（4）模具成本低 模具成本与模具结构的复杂程度、模具材料、制造精度要求及加工方法等有关，必须根据制品要求合理设计模具和制订其加工工艺。

上述四项指标是相互关联、相互影响的，片面追求模具精度和使用寿命必然会导致制造成本的增加；只顾降低成本和缩短制造周期而忽视模具精度和使用寿命的做法也是不可取的。在设计与制造模具时，应根据实际情况作全面考虑，即在保证制品质量的前提下，选择与制品生产量相适应的模具结构和制造方法，使模具成本降低到最低限度。

2. 模具制造的工艺过程

用模具成型制品时，每种模具一般只生产 1～2 副，所以模具制造属于单件生产。每制造一副模具，都必须从设计开始，因此，制造周期比较长。模具制造的工艺过程如图 1-7 所示，首先根据制品零件图样或实物进行工艺分析，然后进行模具设计、零件加工、装配调整、试模，直到生产出符合要求的制品。

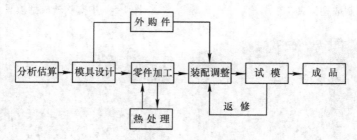

图 1-7 模具制造的工艺过程

（1）分析估算 在接受模具制造的委托时，首先应根据制品零件图样或实物分析研究采用什么样的成型方案、确定模具套数、模具结构及主要加工方法，然后估算模具费用及交货期等。

（2）模具设计

1）装配图设计。模具设计方案及结构确定后，就可绘制装配图。

2）零件图设计。根据装配图拆绘零件图，使其满足装配关系和工作要求，并注明尺寸、公差、表面粗糙度等技术要求。

（3）零件加工 每个需要加工的零件都必须按照图样制订其加工工艺，然后分别进行毛坯准备、粗加工、半精加工、热处理及精加工或修磨抛光。

（4）装配调整 装配就是将加工好的零件组合在一起构成一副完整的模具。除紧固定位用的螺钉和销钉外，一般零件在装配调整过程中仍需一定的人工修整或机械加工。

（5）试模 装配调整好的模具，需要安装到相应的机器设备上进行试加工。在加工过程中，必须及时检查模具在运行过程中是否正常，所得到的制品是否符合要求，如有不符合要求，则必须拆下模具，对其修正，然后再次试模，直到能够完全正常运行并能加工出合格的制品为止。

3. 模具零件的主要加工方法

模具零件绝大多数为金属材料，主要的加工方法有机械加工、特种加工和表面加工等。

（1）机械加工　机械加工即传统的机床加工与现代的数控机床加工，是模具制造不可缺少的一种重要加工方法，即便采用其他方法加工制造模具，机械加工也常作为零件粗加工和半精加工阶段的主要加工方法。

机械加工的主要特点是加工精度高、生产效率高。但用机械加工方法加工形状复杂的工件时，其加工速度很慢，且难以加工高硬度材料。

（2）特种加工　特种加工是有别于传统机械加工的现代加工方法。从广义上讲，特种加工是指那些不需要用比工件更硬、精度更高的工具，也不需要在加工过程中施加明显的机械力，而是直接利用电能、声能、光能、化学能等除去工件上的多余部分，以达到一定形状、尺寸和表面粗糙度要求的加工方法，包括电火花成形加工、电火花线切割加工、超声波加工、激光加工、电化学加工等。

（3）表面抛光　模具成型零件经加工后，其表面留有加工痕迹，为了去除加工痕迹、减小表面粗糙度值，就需要对其进行表面抛光。常见的表面抛光有砂纸抛光、油石抛光、电动抛光机抛光等。

随着制造业水平的不断发展和材料成型新技术的陆续应用，对模具制造技术的要求也越来越高。模具的制造方法已不再是手工作业和一般机械加工，而是广泛采用加工中心、电火花成形、数控线切割、超声波加工、激光加工、电化学加工及成形磨削、数控仿形加工等现代加工技术。

### 三、模具技术的发展趋势

为了更好地发展模具技术，满足经济建设的需要，必须在以下几个方面不断探索：

1）模具的计算机辅助设计（CAD）和计算机辅助制造（CAM）。应用 CAD/CAM 技术，就是在计算机内存储综合化的专业知识、进行人机联系、充分利用设计人员的实践经验、实现优化设计和模具加工的自动化控制，这就缩短了模具生产准备周期，节省了设计人员的时间。应用 CAD/CAM 技术有利于降低模具成本及提高模具精度，是模具设计与制造走向自动化的标志。近年来，在美国、德国、日本和英国一些模具设计和制造企业里，CAD/CAM 已得到广泛应用，并取得明显的经济效益。

2）发展高效率、高精度、高寿命的"三高"模具。电子工业和汽车制造业的发展，促进了生产方式的变革，涌现出大批自动生产线，这样多工位、多型腔、多功能的自动模具和精密模具就得到了发展。生产线上的模具要求使用寿命长，这又推动了模具新材料的研究。

3）发展超塑性模具。特定条件下，在拉伸试验中金属的伸长率显著提高，这种现象称为超塑性。目前已发现150多种金属或合金具有超塑性。

4）发展模具制造新工艺、新技术，推广使用新材料。

5）发展模具加工成套设备，以满足模具工业高速发展的需要。

### 四、本课程的性质、任务和要求

本课程是机械类专业的一门专业课。在学习本课程之前，学生应已修完"机械制图"、"工程力学"、"公差与配合"等专业基础课程。

通过本课程的学习，学生应掌握模具成型工艺及模具的典型结构。本课程的实践性很强，涉及的知识面较广，因此，学生在学习本课程时，除了重视理论学习外，还应特别注意实践环节。

## 复习思考题

1-1　什么叫模具？模具有哪些类型？

1-2　模具制造的要求有哪些？

1-3　试述模具制造的工艺过程和模具制造的主要方法。

1-4　模具技术的发展方向是什么？

# 第二章　冲压工艺及模具

【学习目的】

1. 了解冲压的概念及特点。
2. 掌握冲压的基本工序。
3. 掌握冲压模具的结构及相应零部件的加工方法，掌握模具的装配要点。
4. 计算简单冲压模具的工作尺寸。
5. 了解曲柄压力机的结构。

## 第一节　冲压设备

冲压是利用压力机通过冲压模对板料加压，使其产生塑性变形或分离，从而得到一定形状、尺寸的零件的工艺。冲压加工广泛应用在汽车、家用电器、日常生活用品及国防工业等方面。

冲压设备是为压力加工提供动力和运动的设备。常用的冲压设备有曲柄压力机（图2-1）、液压机（图2-2）和摩擦压力机等。本节仅介绍曲柄压力机。

图2-1　曲柄压力机

图2-2　液压机

**一、曲柄压力机**

曲柄压力机属于机械传动压力机，是重要的压力加工设备。曲柄压力机具有精度高、刚性好、生产效率高、工艺性能好、操作方便、易实现机械化和自动化生产等优点，因此，它是使用最广泛的冲压设备。

1. 曲柄压力机的结构和工作原理

（1）工作机构　曲柄压力机结构如图2-3所示，由曲轴9、连杆10、滑块11组成。曲轴 9 的作用是将电动机的旋转运动转化为滑块 11 的往复运动。上模部分通过模柄与滑块相连，并在滑块带动下作上下运动，完成冲裁加工动作。带轮 4 兼起飞轮作用，使压力机在整个工作周期里负荷均匀，能量得以充分利用。

（2）传动系统  电动机 5、带轮 4、传动带、齿轮 6、7 等构成了压力机的传动系统。电动机提供的动力经传动带及带轮 4 传至主轴箱内，再经过一系列的齿轮机构，最终将动力传递至曲轴 9，曲轴 9 带动滑块 11 做上下往复运动。

（3）操纵系统  操纵系统包括离合器 8、制动器 3 和控制装置等。离合器是用来起动和停止压力机动作的机构。制动器的作用是在当离合器分离时，使滑块停止在所需的位置上。

（4）动力系统  动力系统由电动机 5 和带轮 4 组成。压力机在一个工作周期中只在较短时间内承受较大工作载荷，而在较长时间内为空运转，故采用飞轮储备能量，可以减小电动机功率。

（5）支承系统  压力机的支承系统即床身，是压力机的骨架，主要用来支承压力机的冲压力及有关零件的质量，并将所有的零件有机的联结在一起，以保证各零件运动的准确性，满足一定的精度、刚度和强度要求。工作时，模具就安装于固定在床身上的工作台上。

（6）辅助系统  压力机有多种辅助装置，如顶件（打料）装置、润滑系统、保护系统、计数装置及气垫等。

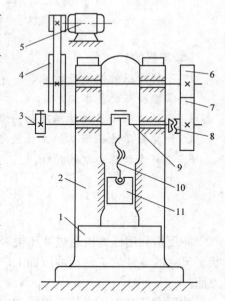

图 2-3　曲柄压力机结构简图
1—工作台　2—床身　3—制动器　4—带轮
5—电动机　6、7—齿轮　8—离合器
9—曲轴　10—连杆　11—滑块

2. 曲柄压力机的类型

为适应不同零件的工艺要求，实际生产过程中，会采用不同类型的曲柄压力机，这些压力机都有独特的结构形式和工作特点。通常可根据曲柄压力机的工艺用途或结构特点进行分类。

1）按工艺用途，曲柄压力机可分为通用压力机和专用压力机两大类。通用压力机适用于多种工艺用途，如冲裁、弯曲、成形、浅拉深等；而专用压力机用途较单一，如拉深压力机、板料折弯机、剪板机、高速压力机、精压机等。

2）按机身结构形式不同，曲柄压力机可分为开式压力机和闭式压力机。

开式压力机的机身形状类似英文字母 C，如图 2-4 所示，其机身工作区域三面敞开，操作空间大，但机身刚度不高，在较大冲压力的作用下，床身的变形会改变冲模间隙分布，降低模具使用寿命和冲压件表面质量。

闭式压力机如图 2-5 所示，采用立柱、横梁的闭式床身结构，结构稳定，刚度高。

3）按运动滑块的数量，曲柄压力机可分为单动、双动和三动压力机，目前使用最多的是单动压力机，双动和三动压力机主要用于拉深工艺。

4）按连接曲柄和滑块的连杆数，曲柄压力机可分为单点、双点和四点压力机，曲柄连杆数的设置主要根据滑块面积和公称压力而定。曲柄连杆数越多，滑块承受偏心负荷的能力越强。

图 2-4　开式压力机

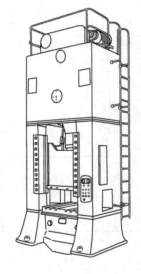

图 2-5　闭式压力机

**3．曲柄压力机主要参数**

压力机的参数是反映其工作能力、所允许加工零件的尺寸范围等技术指标，主要有如下五个：

（1）公称压力　压力机的压力是随着压力机滑块的下行而变化的。当滑块到达下止点时这个值达到最大（$F_{max}$）。滑块下滑到距下止点某一特定的距离 $S_p$ 或曲柄旋转到距下止点某一特定角度 $\alpha$（图 2-6）时，所能承受最大的冲击力称为压力机的公称压力。

公称压力是压力机规格的主要参数。目前我国的曲柄压力机的公称压力单位仍以"t"来表示，且已经系列化，如 100t、160t、250t、400t、630t、800t……曲柄压力机的公称压力必须大于冲压工艺所需要的冲压力。

（2）滑块行程　滑块行程是指滑块从上止点运动到下止点时所经过的距离。

（3）行程次数　行程次数是指滑块每分钟往复运动的次数。滑块行程次数的大小，关系到生产效率的高低。

（4）压力机工作台面尺寸　压力机工作台面尺寸每边应大于模具下模座尺寸 50～70mm，以便于模具的安装固定。

（5）闭合高度　压力机的闭合高度是指滑块在下止点位置时，滑块下端面到工作台上表面之间的距离。这个高度可通过调整压力机的连杆长度来调节。模具的闭合高度应在压力机的最大与最小闭合高度之间。模具的闭合高度是指冲模在最低工作位置时，上模座上平面至下模座下平面之间的距离。

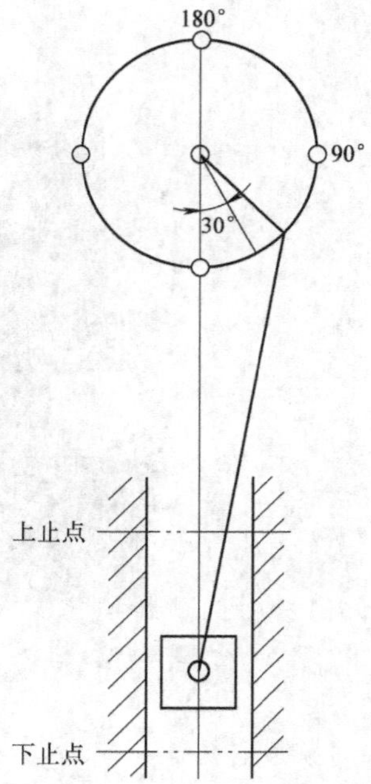

对于曲柄压力机，模具的闭合高度与压力机闭合高度之间应符合如下公式：

$$H_{max} - 5mm \geq H + h \geq H_{min} + 10mm$$

式中　$H$——模具闭合高度（mm）；

$H_{min}$——压力机的最小闭合高度（mm）；

$H_{max}$——压力机的最大闭合高度（mm）；

$h$——压力机垫块厚度（mm）；

$M$——连杆调节量，亦指压力机的闭合高度调节量（mm）。

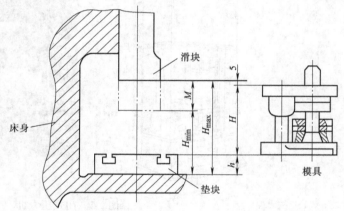

图 2-6　上、下止点示意图

模具闭合高度与压力机闭合高度的关系，如图 2-7 所示。

除上述的主要参数外，曲柄压力机的参数还有模柄孔尺寸、连杆调节长度、电动机功率、滑块底面尺寸等参数。

**二、冲压设备的选用**

**1. 压力机类型的选择**

冲压设备类型较多，其刚度、精度、用途各不相同，应根据其冲压工艺、生产批量、模具形状、制件精度等正确选用。

图 2-7　模具闭合高度与压力机闭合高度的关系

1）中、小型冲压件，选用开式机械压力机。

2）大、中型冲压件，选用双柱闭式机械压力机。

3）大量生产的冲压件，选用高速压力机或多工位自动压力机。

4）大型、形状复杂的拉深件，选用双动或三动压力机。

5）校平、整形和温热挤压工序，选用摩擦压力机。

6）薄板冲裁、精密冲裁，选用刚度高的精密压力机。

7）导板模或要求导套不离开导柱的模具，选用偏心压力机。

8）小批量生产中的大型厚板件的成形工序，多采用液压压力机。

9）深拉深制件，选用有拉深垫的拉深油压机。

10）汽车覆盖件，选用工作台面宽大的闭式双动压力机。

2. 压力机规格的选择

选择压力机的规格应当遵循如下原则：

1）必须保证压力机的公称压力大于冲压工序所需的压力。

2）压力机滑块行程应满足制件在高度上能获得所需尺寸，并在冲压工序完成后能顺利地从模具上取出来。特别是成形拉深件和弯曲件应使滑块行程长度大于制件高度的 2.5 ~ 3.0 倍。

3）压力机的行程次数应符合生产效率和材料变形速度的要求。

4）工作台面长、宽尺寸应大于模具下模座尺寸，并每边留出 60 ~ 100mm，以便安装固定模具用的螺栓、垫铁和压板。当制件或废料需下落时，工作台面孔尺寸必须大于下落件的尺寸。对有弹顶装置的模具，工作台面孔尺寸还应大于下弹顶装置的外形尺寸。

5）压力机的闭合高度、滑块尺寸、模柄孔尺寸等都应能满足模具的正确安装要求。

6）压力机的电动机功率必须大于冲压时所需要的功率。

# 第二节　冲　压　工　艺

**一、冲压加工的特点**

冲压加工与其他加工方法相比较，有许多独特的优点：

1）在压力机的简单冲击下，能获得壁薄、质量小、刚性好、形状复杂的零件，这些零件用其他方法难以加工甚至无法加工。

2）所加工的零件精度较高、尺寸稳定，具有良好的互换性。

3）冲压加工是无切屑加工，材料利用率高。

4）生产效率高，生产过程容易实现机械化、自动化。

5）操作简单，便于组织生产。

进行冲压加工需要冲压模具，但冲压模具的设计制造周期较长、费用高，因此只适用于大批量生产。

**二、冲压加工的基本工序**

冲压加工方法多种多样，但概括起来，可以分为分离工序和成形工序两大类。

1. 分离工序

分离工序是将冲压件或板料沿一定轮廓相互分离，其特点是材料在冲压力作用下发生剪切而分离。分离工序具体包括以下几种：

（1）落料　落料是在平板毛坯上沿封闭轮廓进行冲裁，分离部分为工件，余下的就是废料。落料常用于制备工序件，如图 2-8 所示。

（2）冲孔　冲孔是在平板毛坯上沿封闭轮廓进行冲裁，分离部分为废料，余下的是工件，如图 2-9 所示。冲孔常以落料件或其他成形件为工序件，完成各种形状孔的冲裁加工。

（3）切边　对成形件边缘进行冲裁，以获得工件要求的形状和尺寸，称为切边，如图 2-10 所示。

（4）冲槽　在板料上或成形件上冲切出窄而长的槽，称为冲槽。与冲孔不同的是，冲槽的冲切轮廓是非封闭的，如图2-11所示。

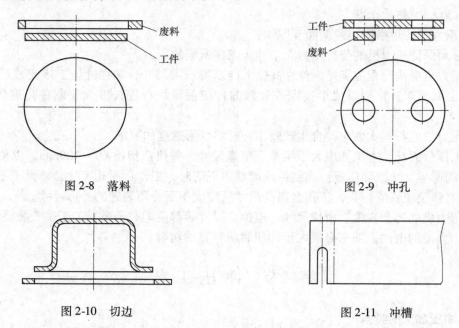

图2-8　落料　　　　　　　　　图2-9　冲孔

图2-10　切边　　　　　　　　　图2-11　冲槽

（5）切口　在板料上沿非封闭轮廓将局部材料冲切开并弯成一定角度，但不与主体分离，称为切口，也可称为冲切成形或切舌，如图2-12所示。

（6）剖切　将已成形的立体形状的工序件分割为两件，称为剖切，如图2-13所示。

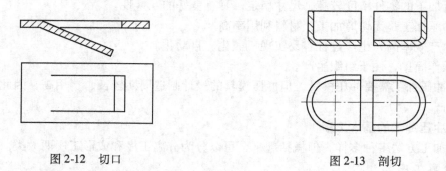

图2-12　切口　　　　　　　　　图2-13　剖切

（7）切断　对板料、型材、棒料、管材等沿横向进行冲切分离加工，称为切断。切断有三种基本形式，分别为单边切断、双边切断和成形切断，如图2-14所示。切断通常无废料，形状简单的落料件可先冲缺口再切断制取，以节省原材料。有的单边切断可在剪板机上或通用剪切模上进行，而不必设计切断模。

从广义上来讲冲裁是分离工序的总称，包括落料、冲孔、切断、切边、切口等多种工序，但一般来说，冲裁工艺主要是指落料和冲孔两大工序。所谓冲裁，是指利用一对工具，如冲裁模的凸模与凹模或剪板机的上剪刃与下剪刃，并借助压力机的压力，对板料或已成形的工序件沿封闭的或非封闭的轮廓进行断裂分离的加工方法。

冲裁既可以制造各种各样的零件，也可以为其他冲压加工制备工序件。在一般企业的冷冲压加工中，冲裁所占的比例最大。

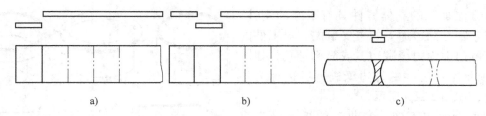

图 2-14  切断的基本形式
a）单边切断  b）双边切断  c）成形切断

2. 成形工序

成形工序是指坯料在不破裂的条件下产生塑性变形而形成所需形状及尺寸的零件，其特点是坯料在冲压力的作用下，变形区应力满足屈服条件，因而坯料只发生塑性变形而不破坏。常见的成形工序有以下几种：

（1）弯曲  将平直的坯料弯折成具有一定角度和曲率半径的零件的成形工序称为弯曲。弯曲用的坯料可以是板料、管材、棒料或型材。

弯曲不但是冲压基本工序，而且是冲压成形加工中应用很广泛的一种工艺方法。弯曲加工的类型很多，按弯曲件的形状可分为 V 形、L 形、U 形、Z 形等，如图 2-15 所示；按弯曲加工所使用的设备可分为压弯、折弯、滚弯、绕弯、旋弯、拉弯等。图 2-16 所示为常见的弯曲件。

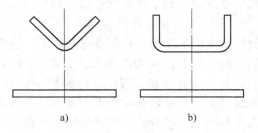

图 2-15  弯曲加工的类型
a）V 形弯曲  b）U 形弯曲

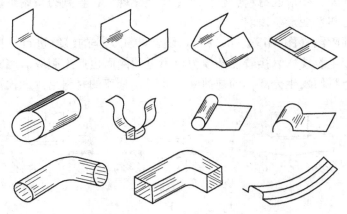

图 2-16  常见的弯曲件

（2）拉深  拉深是利用拉深模在压力机的压力作用下，将平板坯料或空心工序件制成开口空心零件的加工方法。前者也可形象地称为拉深盒形件，后者称为拉深杯形件。拉深也是冲压的基本工序。通常，拉深后再经冲裁及其他成形加工，便可制成形状复杂的零件。图 2-17 所示为常见的拉深件。

以拉深件代替铸造壳体形件，已充分显示出冲压加工的优越性，是近几年冲压加工的发展趋势。

（3）翻边  利用模具将工序件的孔边缘或外边缘翻成竖直直边的加工方法称为翻边。利用翻边方法加工的立体零件具有很好的刚性，这一点常常是翻边加工的主要目的。对工件的孔进行翻边称为内缘翻边，或简称翻孔，如图2-18a所示。对工件的外边缘进行翻边称为外缘翻边，如图2-18b所示。

翻边与弯曲不同，弯曲时的折弯线为直线，切向没有变形，而翻边时的折弯线为曲线，切向有变形，并且常常是主要变形。

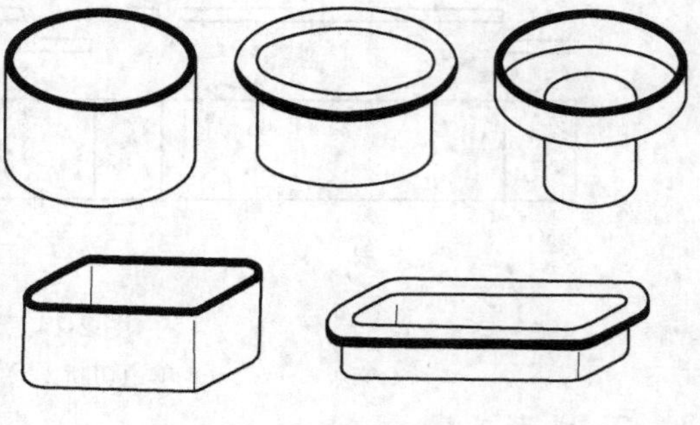

### 三、冲裁变形过程

图 2-17　常见拉深件

为了确定冲裁工艺，合理设计冲压模具，保证冲裁件的质量，就必须认真分析冲裁变形过程，掌握冲裁变形规律。整个冲裁变形过程可分为三个阶段：

（1）弹性变形阶段（图2-19a）　凸模向下压，材料就会产生压缩、拉伸或弯曲变形，位于凹模上方的板料则向上产生弯曲变形。如果此时将凸模提起，则材料会恢复原状，因此，此时属于弹性变形阶段。间隙越大，弯曲就会越严重。同时，凸模将会稍许挤入板料上部，板料的下端则略挤入凹模刃口。

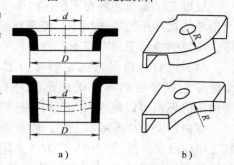

图 2-18　内缘翻边和外缘翻边
a）内缘翻边　b）外缘翻边

（2）塑性变形阶段（图2-19b）　凸模继续下压，挤入板料上端，与此同时，板料下端挤入凹模刃口，形成光亮的剪切面。随着凸模挤入板料的深度逐渐增大，变形区材料就会出现冷作硬化现象，直到刃口附近侧面的材料出现微裂纹，此阶段称为塑性变形阶段。

（3）断裂分离阶段（图2-19c、d、e）　随着冲裁工作的继续进行，材料将首先在凹模刃口附近的侧面产生裂纹，紧接着在凸模刃口附近的侧面也产生裂纹。当上下裂纹不断扩展并最终重合时，板料便发生分离，即被剪断。此时，分离的材料落入凹模洞口内。

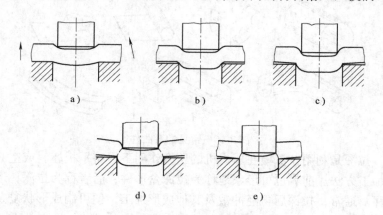

图 2-19　冲裁变形过程
a）弹性变形阶段　b）塑性变形阶段　c）、d）、e）断裂分离阶段

### 四、影响冲裁件质量的因素

合格的冲裁件应具有良好的断面质量、一定的尺寸精度和较小的毛刺。

1. 冲裁件断面质量

冲裁件断面应尽可能垂直、光洁、毛刺小。冲裁件断面大致可分为四个区，即圆角带 a、光亮带 b、断裂带 c 和毛刺区 d，如图 2-20 所示。

（1）圆角带 a 圆角带是由于凸模刃口压入材料时，刃口附近的材料随即产生弯曲和伸长变形，材料被拉入凸、凹模间隙而形成的。

（2）光亮带 b 当凸、凹模刃口切入材料后，材料与凸、凹模刃口侧表面挤压而形成光亮垂直的断面。该区域是在塑形变形阶段形成的。

（3）断裂带 c 刃口附近的微裂纹在拉应力作用下不断扩展而撕裂，其断面较为粗糙且带有锥度。该区域是在断裂阶段形成的。

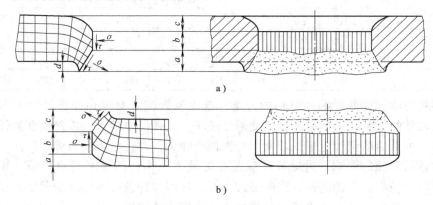

图 2-20 冲裁区应力、变形和冲裁件正常的断面状况
a）冲孔件 b）落料件

（4）毛刺带 d 毛刺是在刃口附近的侧面材料出现微裂纹时形成的。当凸模继续下行时，使已形成的毛刺拉长并残留在冲裁件上，因此，在普通冲裁中毛刺是不可避免的。不过，当冲裁模间隙大小合适时，毛刺的高度很小，比较容易去除。普通冲裁允许的毛刺高度见表 2-1。

表 2-1 普通冲裁毛刺的允许高度　　　　　　　（单位：mm）

| 料厚 $t$ | ≈0.3 | >0.3~0.5 | >0.5~1.0 | >1.0~1.5 | >1.5~2 |
|---|---|---|---|---|---|
| 生产时 | ≤0.05 | ≤0.08 | ≤0.10 | ≤0.13 | ≤0.15 |
| 试模时 | ≤0.015 | ≤0.02 | ≤0.03 | ≤0.04 | ≤0.05 |

在四个特征区中，光亮带所占比例越大，断面质量越好。但每个特征区域的大小和在断面上所占的比例大小并非一成不变，而是根据材料性能、板料厚度、冲裁间隙、刃口锐钝、模具结构及冲裁速度等条件而变化。塑性差的材料，断裂倾向严重，毛刺增宽，而光亮带、圆角带所占的比例较小，毛刺也较小。反之，塑性较好的材料，光亮带所占的比例较大，圆角带和毛刺带也较大。

影响冲裁件断面质量的因素包括材料的力学性能、组织结构的间隙大小及均匀性、刃口锋利程度、模具精度以及模具结构形式等。

2. 影响冲裁件尺寸精度的因素

冲裁件的尺寸精度是指冲裁件的实际尺寸与图样设计尺寸的差值，差值越小，精度越高。这个差值包括两个方面，一是冲裁件相对于凸模或凹模尺寸的偏差，二是模具本身的制造偏差。

影响冲裁件尺寸精度的因素：

（1）冲裁模制造精度的影响　冲裁模的制造精度对冲裁件尺寸精度影响较大，而冲裁模的精度与冲裁模的结构、加工、装配等多方面因素有关。冲裁模的精度越高，冲裁件的精度也就越高。冲裁模具制造精度与冲裁件精度间的关系见表2-2。

表 2-2　冲裁模制造精度与冲裁件精度之间的关系

| 模　具制　造精　度 | 冲裁件精度 | | | | | | | | | | |
|---|---|---|---|---|---|---|---|---|---|---|---|
| | 材料厚度 $t$/mm | | | | | | | | | | |
| | 0.5 | 0.8 | 1.0 | 1.5 | 2 | 3 | 4 | 5 | 6 | 8 | 10 | 12 |
| IT6 ~ IT7 | IT8 | IT8 | IT9 | IT10 | IT10 | | | | | | |
| IT7 ~ IT8 | | IT9 | IT10 | IT10 | IT12 | IT12 | IT12 | | | | |
| IT9 | | | | IT12 | IT12 | IT12 | IT12 | IT12 | IT12 | IT14 | IT14 | IT14 |

（2）材料力学性能的影响　材料的力学性能主要影响该材料在冲裁过程中的弹性变形量。对于比较软的材料，冲裁后的弹性变形量较小，回弹值也较小，零件精度就较高；而比较硬的材料，冲裁后的弹性变形量较大，回弹值也较大，零件精度就较低。

（3）冲裁模间隙的影响　冲裁模间隙是指冲裁模凸模和凹模之间的间隙。如果间隙适中，就可以得到精度合格的制件。当间隙过大时，坯料在冲裁过程中除受剪切外还会产生较大的拉伸和弯曲变形，冲裁结束后，材料的弹性恢复使冲裁件尺寸向实际方向收缩，对于落料件，制件尺寸就会小于凹模尺寸，对于冲孔件，制件尺寸就将会大于凸模尺寸；当间隙过小时，坯料在冲裁过程中除受剪切外还会受到较大的挤压力作用，冲裁结束后，材料的弹性恢复使冲裁件尺寸向实体的反方向胀大，对于落料件，其尺寸将会大于凹模尺寸，对于冲孔件，其尺寸将会小于凸模尺寸。

3. 冲裁件形状误差

冲裁件的形状误差是指在坯料冲裁过程中由于翘曲、扭曲、回弹及其他变形等引起的与原设计形状之间的尺寸差值。冲裁件所呈现的曲面不平现象称为翘曲，这是由于冲裁间隙过大，从而引起弯矩增大、变形拉伸和弯曲成分增多而造成的，另外，材料的各向异性或卷料未矫正也会引起翘曲。冲裁件所呈现的扭歪现象称为扭曲，这是由于材料表面不平、冲裁间隙不均匀、凹模后角对材料摩擦不均匀等造成的。冲裁件的回弹主要取决于材料的力学性能。冲裁件的变形是由于坯料的边缘冲孔或孔距太小等，因胀形而产生的。

综上所述，用普通冲裁方法得到的冲裁件，其尺寸精度与断面质量都不会太高。金属冲裁件所能达到的精度为IT10 ~ IT14，最高可达到IT8 ~ IT10级，厚料比薄料差。如果要进一步提高冲裁件的尺寸精度和表面质量，就要在冲裁后加整修工序或采用精密冲裁。

五、提高冲裁件质量的途径

增大光亮面宽度的关键在于推迟剪裂纹的发生，因而就要尽量减小材料内的拉应力成分，增加压应力成分和减小弯曲力矩，其主要途径是减小冲裁间隙，用压料板压紧凹模面上的材料，对凸模下面的材料用顶板施加压力，此外，还要合理选择搭边，注意润滑等。

减小塌角、毛刺和翘曲的主要方法：尽可能采用合理间隙的下限值，保持模具刃口的锋利，合理选择搭边值，采用压料板和顶板等措施。

## 第三节　典型冲压模具结构

冲压模具是冲压生产中最重要的工艺装备。冲压零件的质量好坏和精度高低，主要取决于冲压模的质量和精度。冲压模的结构又直接影响到生产效率及冲压模本身的使用寿命甚至操作的安全。

由于冲压件形状的千变万化，制件的精度、生产批量及加工条件不同，就使得冲压模具有多样性和复杂性。

### 一、冲压模的类型

冲压模的分类方式很多，主要有以下几种分类方法：

1）按工序组合方式分为单工序模、级进模、复合模等。

2）按工序性质分为落料模、冲孔模、切断模、切边模、弯曲模、拉深模等。

3）按凸、凹模所用材料分为钢质冷冲模、硬质合金冷冲模、锌基合金冷冲模、橡皮冷冲模、聚氨酯橡皮冷冲模等。

### 二、冲裁模

#### 1. 冲裁模的结构

无论冲裁模的结构复杂与否，其结构总是分为上模和下模，上模一般与压力机的滑块联接，并随滑块一起上下往复运动，中小型模具常用模柄与压力机滑块联接；下模固定在压力机的工作台上。冲裁模的组成零件一般有七类。

（1）工作零件　它是直接进行冲裁工作的零件，是冲模中最重要的零件，如图 2-21 所示的凸模 12 和凹模 18。

（2）导向装置　它在冲裁过程中能保证凸、凹模间隙均匀和稳定，保证模具各部分保持良好的运动状态，如图 2-21 所示的导套 3 和导柱 2。

（3）定位装置　它能确保坯料在每次冲裁时处于正确的位置，如图 2-21 所示的导料板 16 和挡料销 19。

（4）压料装置　它的作用是将坯料压紧在凹模上再进行加工。

（5）出件装置　在一次工作行程之后，由出件装置使工件脱离模具，如图 2-21 所示，冲完的工件沿下模板漏料孔漏下。

（6）卸料装置　在封闭冲裁时，卸料装置在滑块回程时将套在凸模上的条料卸下来，以便进行下次冲压加工。

（7）支承及紧固零件　它主要起到支承、固定、安装上述各部分的零件的作用，它是冲压模具的基础零件。

#### 2. 单工序冲裁模

单工序冲裁模是指压力机滑块在一次行程内只完成一个冲压工序的模具。

图 2-22 所示为单工序冲裁模，该模具主要由上、下模座、导柱、导套、凸模、凹模及弹压装置等组成。模具结构简单，制造方便，成本低廉，但不能保证孔的位置精度，且生产效率低。

图 2-23 所示为导柱式单工序冲孔模，冲件上共有八个孔，利用该模具，这八个孔在压

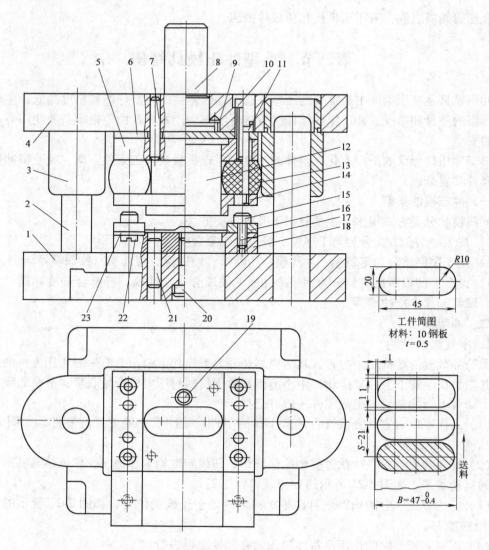

图 2-21　落料模

1—下模座　2—导柱　3—导套　4—上模座　5—固定板　6—垫板　7、17、21—销钉　8—模柄

9—防转销　10、15、20、22—螺钉　11—卸料螺钉　12—凸模　13—橡胶　14—卸料板

16—导料板　18—凹模　19—挡料销　23—承料板

力机一次行程中即可全部冲出。

（1）送料　由于工序件是经过拉深的空心件，属于半成品，故在压力机空行程中完成放料工作。

（2）冲裁　上模部分通过模柄 16 与压力机滑块相连，在滑块带动下，整个上模部分下行，凸模 6、7、8、15 依次与材料接触，迫使材料分离，完成冲裁工作。

（3）卸料　卸料由弹簧 10、卸料板 21 组成的弹性卸料装置完成，卸料板 21 除起卸料作用外，还可以在模具下行时先与材料接触，将材料压紧，从而保证冲孔零件的平整性，提高零件的表面质量。

（4）定位 利用定位圈 5 进行定位。

**3. 级进模**

级进模又称连续模，是指压力机在一次行程中，在不同位置完成两道或两道以上冲裁工序的模具。

由于级进模是按一定程序将坯料送进，在多对凸凹模的作用下，可累计完成冲孔、落料等多道工序。因此，在级进模中的定位成为关键，目前的定位方法主要有两种。

（1）用导正销定位的冲孔落料级进模（图 2-24）

1）送料。坯料沿前后对称布置的两个导料板从右向左送进。

2）定位。分为初始定位和以后各次定位。初始定位用的始用挡料销 7 用于每个坯料的第一次冲裁，此时，在落料位置是没有落料件的。以后各次定位都由固定挡料销 6 控制送料步距作粗定位，由两个装在落料凸模上的导正销 5 进行精定位。导正销与落料凸模的配合为 H7/r6。导正销头部的形状应有利于在导正时插入已冲的孔，它与孔的配合应略有间隙。

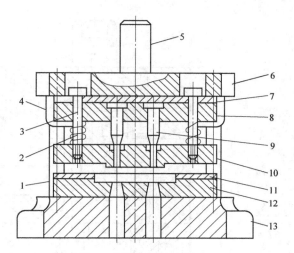

图 2-22 单工序冲裁模

1—导柱 2—弹簧 3—卸料螺钉 4—导套 5—模柄
6—上模座 7—垫板 8—凸模固定板 9—凸模
10—卸料板 11—定位板 12—凹模 13—下模座

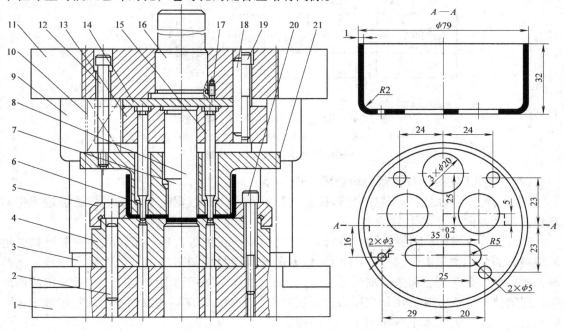

图 2-23 导柱式单工序冲孔模

1—下模座 2、18—圆柱销 3—导柱 4—凹模 5—定位圈 6、7、8、15—凸模
9—导套 10—弹簧 11—上模座 12—卸料螺钉 13—凸模固定板 14—垫板
16—模柄 17—止动销 19、20—内六角螺钉 21—卸料板

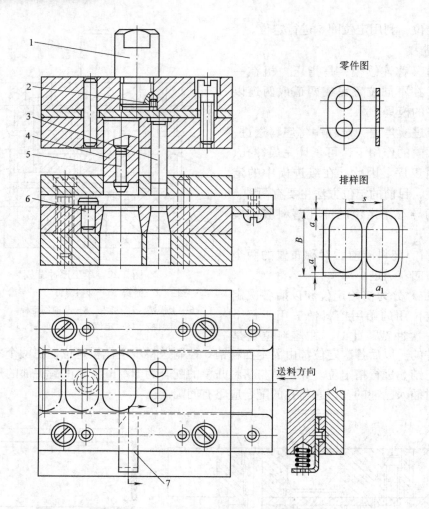

图 2-24　用导正销定位的冲孔落料级进模
1—模柄　2—螺钉　3—冲孔凸模　4—落料凸模　5—导正销
6—固定导料销　7—始用导料销

（2）双侧刃定距的冲孔落料级进模（图 2-25）

1）送料。坯料由前后布置的导料板送进，导料板间距右宽左窄，在坯料送进过程中对坯料沿宽度方向进行裁切。

2）定位。该模具不是用始用挡料销、挡料销或导正销等常用的定位元件控制坯料送进的距离，而是用侧刃 16 代替。由于沿送料方向的两导料板间距不同，前宽后窄形成一个凸肩，所以坯料只有切去料边的部分才能通过，切去的长度等于步距。这个工作就由前后斜对角布置的侧刃完成，其作用是在压力机每次冲压行程中，沿坯料边缘切下一块长度等于步距的料边。因此侧刃实质上就相当于一对凸模。

3）冲裁。当一次送料结束时，整个上模部分在压力机滑块带动下向下运动，凸模 8、10 及侧刃 16 接触坯料，并完成冲孔及落料工序。本次侧刃所切除的坯料长度，就是下次送料的距离。

4）卸料。卡在凹模内壁的废料及工件由凸模推出，而紧箍在凸模上的料则由卸料板 13

卸下。由于料比较薄，所以采用了弹性卸料装置。

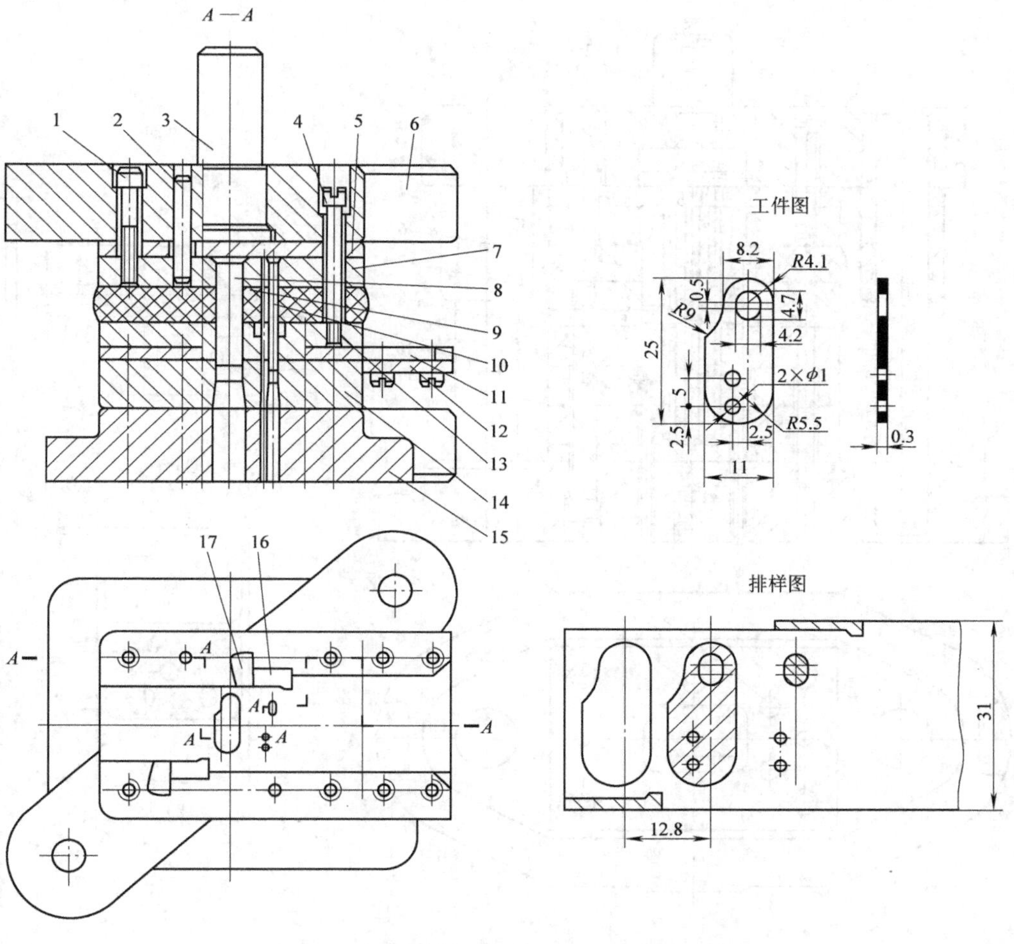

图 2-25 双侧刃定距的冲孔落料级进模

1—内六角螺钉 2—销钉 3—模柄 4—卸料螺钉 5—垫板 6—上模座

7—凸模固定板 8、10—凸模 9—橡胶 11—导料板 12—承料板

13—卸料板 14—凹模 15—下模座 16—侧刃 17—侧刃挡块

综上所述，级进模比单工序模生产效率高，操作方便安全，工件精度较高，并且减少了模具和设备的数量，便于实现生产自动化。但级进模轮廓尺寸较大，结构较复杂，制造成本较高，尤其是采用侧刃定距的级进模，材料利用率较低，一般适用于大批量生产小型冲压件。

4. 复合模

复合模是指压力机在一次行程中，同一位置完成两道或两道以上冲裁工序的模具。复合模的主要特点是具有一个既是落料凸模又是冲孔凹模的零件，称为凸凹模。当滑块向下运动时，一个或几个凸模（或凹模）同时或依次工作，完成落料或冲孔工作。

按照凸凹模位置的不同，复合模分为两种：凸凹模安装在上模座上，称为正装式复合模；凸凹模安装在下模座上，称为倒装式复合模。

（1）正装式复合模（图 2-26） 凸凹模 6 安装在上模座上，因此，这是一套正装式复合模具。落料凹模 8 和冲孔凸模 11 安装在下模座上。

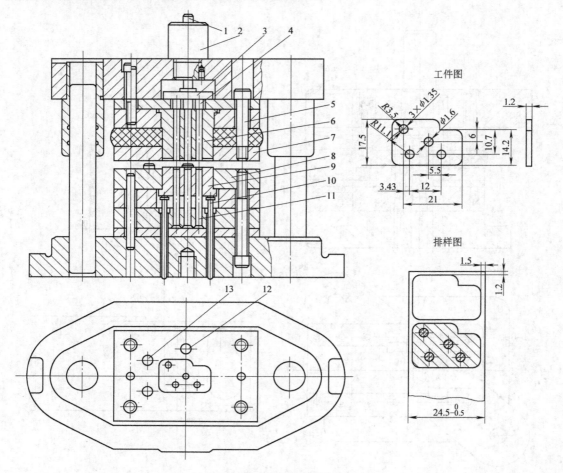

工件图

排样图

图 2-26  正装式复合模

1—打杆  2—模柄  3—推板  4—推杆  5—卸料螺钉  6—凸凹模  7—卸料板
8—落料凹模  9—顶件块  10—带肩顶杆  11—冲孔凸模  12—挡料销  13—导料销

1）送料。坯料紧靠着两个导料销 13 由前向后送进。

2）定位。坯料在送进的过程中，由挡料销 12 完成定位工作。

3）冲裁。在压力机滑块带动下，上模部分向下运动，凸凹模 6 外形和落料凹模 8 配合完成落料，同时冲孔凸模 11 与凸凹模 6 内孔配合完成冲孔。

4）卸料。卡在凹模中的制件由顶件装置顶出。顶件装置由带肩顶杆 10 和顶件块 9 及装在下模座底下的弹顶器（图中未画出）组成。卡在凸凹模内的冲孔废料由打杆 1、推板 3 和推杆 4 组成的推件装置推出。边料由卸料板 7、卸料螺钉 5 及橡皮组成的弹压卸料装置卸下。

采用这种卸料装置的优点是每完成一次冲裁，冲孔废料就会被推出，在凸凹模孔内不积存废料，对凸凹模内壁的压力小，凸凹模不易破裂；缺点是冲孔废料落在下模工作面，清除废料比较麻烦，在多孔冲裁时尤其不方便。

综上所述，正装式复合模工作时，坯料在压紧的状态下分离，冲出的冲件平直度较高。

但由于弹顶器和弹压卸料装置的作用，分离后的冲件容易被嵌入边料中影响操作，从而影响了生产率。

（2）倒装式复合模（图2-27）　凸凹模18安装在下模座上，因此，这是一套倒装式复合模具。落料凹模17和冲孔凸模14和16安装在上模座上。

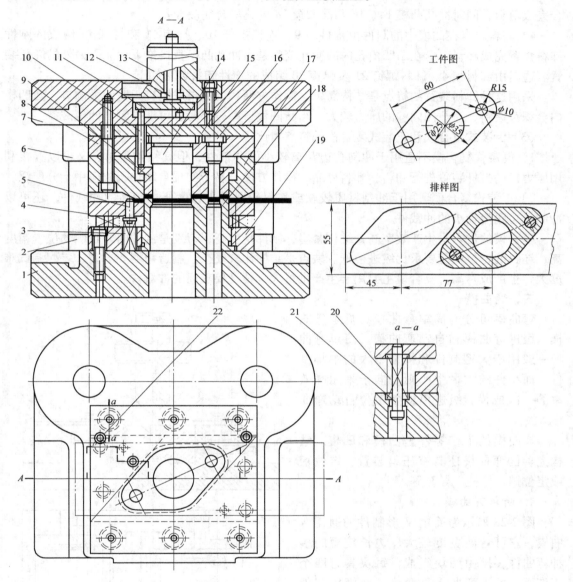

图2-27　倒装式复合模

1—下模座　2—导柱　3、20—弹簧　4—卸料板　5—活动挡料销　6—导套　7—上模座
8—凸模固定板　9—推件块　10—连接推杆　11—推板　12—打杆　13—模柄
14、16—冲孔凸模　15—垫板　17—落料凹模　18—凸凹模　19—固定板
21—卸料螺钉　22—活动导料销

1）送料。坯料紧靠着两个活动导料销22由右向左送进。

2）定位。坯料在送进的过程中，活动挡料销 5 被弹簧 3 顶起，完成定位工作。在冲裁过程中，该活动挡料销就会被压入到卸料板 4 内隐藏起来，上端面与板料平齐，不会影响到冲裁工作。

3）冲裁。在压力机滑块带动下，上模部分向下运动，凸凹模 18 外形和落料凹模 17 配合完成落料，同时冲孔凸模 14、16 与凸凹模 18 内孔配合完成冲孔。

4）卸料。卡在凹模中的制件由推件块 9、连接推杆 10、推板 11 和打杆 12 组成的刚性卸料装置完成卸料。卡在凸凹模孔内的冲孔废料是由冲孔凸模直接推下，无需另外的卸料装置。边料由卸料板 4、卸料螺钉 21 及弹簧 20 组成的弹性卸料装置卸下。

采用这种卸料装置的特点是结构简单，操作方便，但如果采用直刃壁凹模洞口，凸凹模内会积存废料，对凸凹内壁的压力较大，当凸凹模壁厚较小时，可能导致凸凹模破裂。

（3）倒装式复合模和正装式复合模的特点对比

1）倒装式复合模不适用于冲制孔边距离较小的冲裁件，但其结构简单、又可以直接利用压力机的打杆装置进行卸料，卸料可靠，操作方便，易于实现自动化，故应用十分广泛。

2）正装式复合模适用于冲制材质较软或坯料较薄且平直度要求较高的冲裁件，还可以冲制孔边距离较小的冲裁件。

复合模的优点是生产效率高，结构紧凑，制件精度高，特别是制件内外轮廓的位置精度高，坯料的定位精度要求比级进模低。缺点是结构比较复杂，制造精度要求高，装配调试难度大，生产成本高。复合模主要用于生产批量大、精度要求高的冲裁件。

**三、弯曲模**

弯曲模可分为简单弯曲模、复杂弯曲模、级进弯曲模和自动弯曲模。简单弯曲模一般用于大型制件和批量不大的中小型件。而小件的大量生产则趋向于采用高效率的一次成模、级进模或多工位自动弯曲模。

弯曲模的工作零件是凸模和凹模。结构完善的弯曲模还具有压料装置、定位板或定位销、导柱、导套等。

**1. 简单弯曲模**

图 2-28 所示为简单 V 形制件的通用弯曲模，它可弯曲宽度较大、边长较短的多种弯曲件。模由两块组成，每块具有四个工作面，可以弯曲多种角度。凸模按制件弯曲夹角和弯曲半径在小可以更换。

图 2-29 所示为槽形弯曲模，此模具由凸、凹模（兼作定位元件），上、下模座，压料板等组成凹模分成两块分别固定在下模座上，制件弯曲后由弹顶器顶出。

冲制槽形件时，为防止外角形状不准

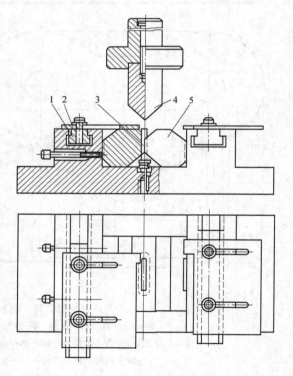

图 2-28　简单 V 形制件的通用弯曲模
1—滑块　2—定位板　3—顶杆　4—凹模　5—凸模

和直臂部分受拉而变薄，采用二次完成。此模为将 U 形半成品件弯成槽形，弯曲时用 U 形制件内侧和凹模外形定位。

2. 级进复合弯曲模

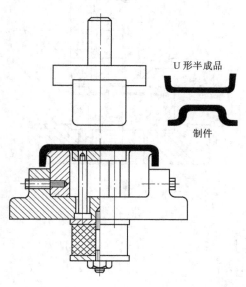

图 2-29 槽形弯曲模

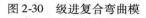

图 2-30 级进复合弯曲模

图 2-30 所示为弯曲制件为侧壁带孔的双角弯曲件，并同时进行冲孔、切断和弯曲的级进复合弯曲模，该模具的剪切凸模也是压弯凹模，工作时利用导料板导向先使坯料从卸料板下面送入模内至挡块定位，当滑块下行时，剪切凸模切断坯料，并将所切坯料压弯成型。与此同时，冲孔凸模在坯料上冲出下一件的侧孔，回程时卸料板卸下坯料，同时推杆在弹簧作用下推出制件，除第一件无孔而成半成品外，以后每次冲压一次即可得到一件有孔的弯曲制件。若欲使第一件也成为成品，则需要安装始用挡料装置或用手工送料来定位。

3. 复杂弯曲模

复杂弯曲模可以一次弯曲成型在简单模中需多道弯曲工序才能成型的制件。

图 2-31 所示的闭角弯曲模适用于弯曲一次成型

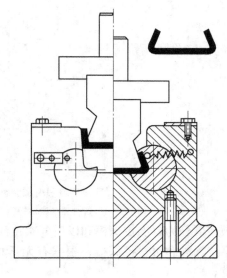

图 2-31 闭角弯曲模

小于 90° 的 U 形制件，该模具的下模座内装有一对有缺口的活动辊轴式模块，其缺口与制件外形相适应，可一次成型如图 2-31 所示的复杂制件。

四、拉深模

根据所使用压力机的类型可分为单动压力机用拉深模和双动压力机用拉深模；根据拉深

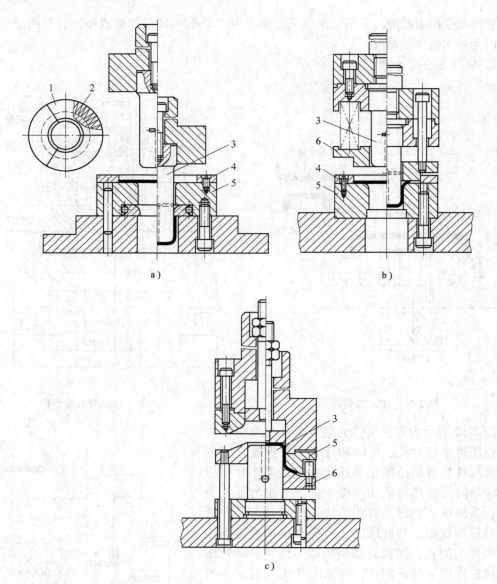

图 2-32　首次拉深模

a）无压料装置　b）有压料装置　c）锥形压料圈

1—卸件器　2—弹簧　3—凸模　4—定位板　5—凹模　6—压料圈

顺序可分为首次拉深模和以后各次拉深模；根据工序组合情况可分为单工序拉深模、复合工序拉深模和级进拉深模；根据有无压料装置，可分为有压料装置拉深模和无压料装置拉深模。

1. 单动压力机用拉深模

（1）首次拉深模　图 2-32a 所示为无压料装置的首次拉深模。拉深件直接从凹模底下落下，为了从凸模上卸下冲压件，在凹模下装有卸件器，当拉深工作行程结束，凸模回程时，卸件器下平面作用于拉深件口部，把零件卸下。为了便于卸件，凸模上钻有直径为 3mm 以上的通气孔。该模具中的卸件器是环式的，还可以是两个工作部分为圆弧的卸件板对称分布于凸模两边。如果坯料较厚，拉深件深度较小，拉深后会有一定回弹量。回弹引起拉深件口部张大，当凸模回程时，凹模下平面挡住拉深件口部而自然卸下拉深件，此时可以不配备卸件器。这种拉深模具结构简单，适用于拉深板料厚度较大而深度不大的拉深件。

图 2-32b 所示为有压料装置的正装式首次拉深模。拉深模的压料装置在上模，由于弹性元件高度受到模具闭合高度的限制，因而这种结构形式的拉深模适用于拉深深度不大的零件。

图 2-32c 所示为倒装式的具有锥形压料圈的拉深模，压料装置的弹性元件在下模底下，工作行程可以较大，适用于拉深深度较大的零件。

（2）以后各次拉深模　图 2-33a 所示为无压料装置的以后各次拉深模。模具的凸模和凹模及定位圈可以更换，以拉深一定尺寸范围的不同拉深件。

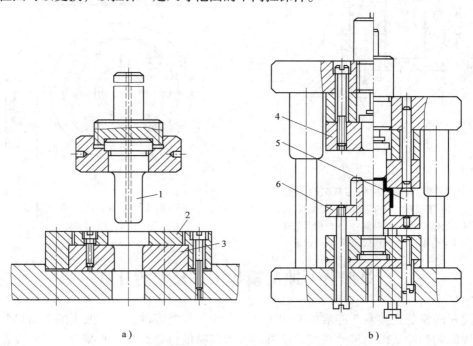

a）　　　　　　　　　　　b）

图 2-33　以后各次拉深模
a）无压料装置　b）有压料装置
1—凸模　2—定位圈　3、4—凹模　5—限位柱　6—压料圈

图 2-33b 所示为有压料装置的以后各次拉深模，其压料装置带有三个限位柱，压料圈又是工序件的内形定位圈。

2. 双动压力机用拉深模

（1）双动压力机用首次拉深模　双动压力机用首次拉深模，下模由凹模、定位板、凹模固定板和模座组成，如图 2-34 所示。上模的压料圈和上模座固定在外滑块上，凸模通过凸模固定杆固定在内滑块上，适用于拉深带凸缘或不带凸缘的拉深件。

（2）双动压力机用以后各次拉深模　图 2-35 所示为双动压力机用以后各次拉深模，该模具与首次拉深模不同之处是所用坯料是拉深后的工序件，定位板较厚，拉深后的零件利用一对卸件板从凸模上卸下来，适用于拉深不带凸缘的拉深件。

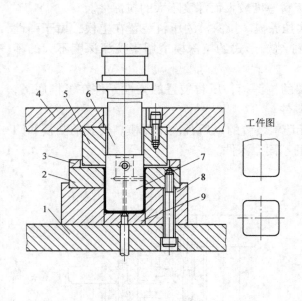

图 2-34　双动压力机用首次拉深模
1—下模座　2—凹模　3—定位板
4—上模座　5—压料圈　6—凸模固定杆
7—凸模　8—凹模固定板　9—顶板

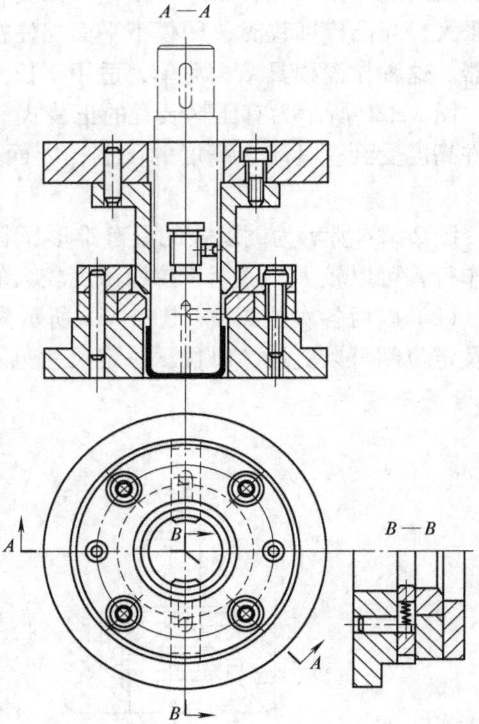

图 2-35　双动压力机用以后
各次拉深模

# 第四节　冲裁模具工作尺寸的计算

凸模和凹模是直接参与冲裁加工的零件，称为工作类零件。凸、凹模的刃口尺寸和公差将会直接影响到冲裁件的尺寸精度，模具的合理间隙值也要靠凸、凹模刃口尺寸及其公差来保证。因此，在模具设计过程中，要首先正确确定凸、凹模刃口尺寸和公差。

## 一、冲裁模间隙

冲裁模间隙是指冲裁模中凹模刃口尺寸与凸模刃口尺寸之差，常用 $Z$ 来表示，如图 2-36 所示，即

$$Z = D_a - d_t$$

$Z$ 为双面间隙，如无特殊说明时，冲裁间隙都是指双面间隙。

冲裁间隙对冲裁件的质量、冲裁力、模具使用寿命等都有很大的影响。要同时满足冲裁件质量最佳、使用寿命最长、冲裁力最小等各要求是非常困难的，因此，在实际冲压生产中，主要考虑冲裁件断面质量、尺寸精度和使用寿命这三个因素，给出一个合理的间隙范围值。只要把模具的间隙控制在这个范

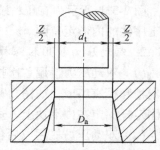

图 2-36　冲裁模间隙

围内，都可以得到质量合格的冲裁件和较长的使用寿命，这个间隙范围就称为合理间隙，这个范围的最小值称为最小合理间隙（$Z_{min}$），最大值称为最大合理间隙（$Z_{max}$）。考虑到在实际生产过程中，凸、凹模都会有不同程度的磨损，使模具间隙值变大，因此，在大批量生产制件时，模具应尽量采用最小合理间隙，而在小批量生产中，应该重点考虑降低冲裁力与提高模具使用寿命，则宜采用较大的模具间隙。

根据研究与实际生产经验，间隙值可按材料及料厚要求，查表进行确定，见表2-3、表2-4。

### 表2-3　冲裁模初始双面间隙 Z　　　　　　　　　（单位：mm）

| 料厚 t | 软铝 | | 紫铜、黄铜、软钢 $w_C = (0.08 \sim 0.2)\%$ | | 杜拉铝、中等硬度钢 $w_C = (0.3 \sim 0.4)\%$ | | 硬钢 $w_C = (0.5 \sim 0.6)\%$ | |
|---|---|---|---|---|---|---|---|---|
| | $Z_{min}$ | $Z_{max}$ | $Z_{min}$ | $Z_{max}$ | $Z_{min}$ | $Z_{max}$ | $Z_{min}$ | $Z_{max}$ |
| 0.2 | 0.008 | 0.012 | 0.010 | 0.014 | 0.012 | 0.016 | 0.014 | 0.018 |
| 0.3 | 0.012 | 0.018 | 0.015 | 0.021 | 0.018 | 0.024 | 0.021 | 0.027 |
| 0.4 | 0.016 | 0.024 | 0.020 | 0.028 | 0.024 | 0.032 | 0.028 | 0.036 |
| 0.5 | 0.020 | 0.030 | 0.025 | 0.035 | 0.030 | 0.040 | 0.035 | 0.045 |
| 0.6 | 0.024 | 0.036 | 0.030 | 0.042 | 0.036 | 0.048 | 0.042 | 0.054 |
| 0.7 | 0.028 | 0.042 | 0.035 | 0.049 | 0.042 | 0.056 | 0.049 | 0.063 |
| 0.8 | 0.032 | 0.048 | 0.040 | 0.056 | 0.048 | 0.064 | 0.056 | 0.072 |
| 0.9 | 0.036 | 0.054 | 0.045 | 0.063 | 0.054 | 0.072 | 0.063 | 0.081 |
| 1.0 | 0.040 | 0.060 | 0.050 | 0.070 | 0.060 | 0.080 | 0.070 | 0.090 |
| 1.2 | 0.050 | 0.084 | 0.072 | 0.096 | 0.084 | 0.108 | 0.096 | 0.120 |
| 1.5 | 0.075 | 0.105 | 0.090 | 0.120 | 0.105 | 0.135 | 0.120 | 0.150 |
| 1.8 | 0.090 | 0.126 | 0.108 | 0.144 | 0.126 | 0.162 | 0.144 | 0.180 |
| 2.0 | 0.100 | 0.140 | 0.120 | 0.160 | 0.140 | 0.180 | 0.160 | 0.200 |
| 2.2 | 0.132 | 0.176 | 0.154 | 0.198 | 0.176 | 0.220 | 0.198 | 0.242 |
| 2.5 | 0.150 | 0.200 | 0.175 | 0.225 | 0.200 | 0.250 | 0.225 | 0.275 |
| 2.8 | 0.168 | 0.224 | 0.196 | 0.252 | 0.224 | 0.280 | 0.252 | 0.308 |
| 3.0 | 0.180 | 0.240 | 0.210 | 0.270 | 0.240 | 0.300 | 0.270 | 0.330 |
| 3.5 | 0.245 | 0.315 | 0.280 | 0.350 | 0.315 | 0.385 | 0.350 | 0.420 |
| 4.0 | 0.280 | 0.360 | 0.320 | 0.400 | 0.360 | 0.440 | 0.400 | 0.480 |
| 4.5 | 0.315 | 0.405 | 0.360 | 0.450 | 0.405 | 0.490 | 0.450 | 0.540 |
| 5.0 | 0.350 | 0.450 | 0.400 | 0.500 | 0.450 | 0.550 | 0.500 | 0.600 |
| 6.0 | 0.480 | 0.600 | 0.540 | 0.660 | 0.600 | 0.720 | 0.660 | 0.780 |
| 7.0 | 0.560 | 0.700 | 0.630 | 0.770 | 0.700 | 0.840 | 0.770 | 0.910 |
| 8.0 | 0.720 | 0.880 | 0.800 | 0.960 | 0.880 | 1.040 | 0.960 | 1.120 |
| 9.0 | 0.870 | 0.990 | 0.900 | 1.080 | 0.990 | 1.170 | 1.080 | 1.260 |
| 10.0 | 0.900 | 1.100 | 1.000 | 1.200 | 1.100 | 1.300 | 1.200 | 1.400 |

注：1. 初始间隙的最小值相当于间隙的公称数值。

2. 初始间隙的最大值是考虑到凸模和凹模的制造公差所增加的数值。

3. 在使用过程中，由于模具工作部分的磨损，间隙将有所增加，因而间隙的使用最大数值会超过表列数值。

表2-4　冲裁模初始双面间隙Z　　　　　　　　（单位：mm）

| 料厚 t | 08、10、35、09Mn、Q235A、Q235B | | Q345 | | 40、50 | | 65Mn | |
|---|---|---|---|---|---|---|---|---|
| | $Z_{min}$ | $Z_{max}$ | $Z_{min}$ | $Z_{max}$ | $Z_{min}$ | $Z_{max}$ | $Z_{min}$ | $Z_{max}$ |
| <0.5 | 极小间隙 | | | | | | | |
| 0.5 | 0.040 | 0.060 | 0.040 | 0.060 | 0.040 | 0.060 | 0.040 | 0.060 |
| 0.6 | 0.048 | 0.072 | 0.048 | 0.072 | 0.048 | 0.072 | 0.048 | 0.072 |
| 0.7 | 0.064 | 0.092 | 0.064 | 0.092 | 0.064 | 0.092 | 0.064 | 0.092 |
| 0.8 | 0.072 | 0.104 | 0.072 | 0.104 | 0.072 | 0.104 | 0.064 | 0.092 |
| 0.9 | 0.090 | 0.126 | 0.090 | 0.126 | 0.090 | 0.126 | 0.090 | 0.126 |
| 1.0 | 0.100 | 0.140 | 0.100 | 0.140 | 0.100 | 0.140 | 0.090 | 0.126 |
| 1.2 | 0.126 | 0.180 | 0.132 | 0.180 | 0.132 | 0.180 | | |
| 1.5 | 0.132 | 0.240 | 0.170 | 0.240 | 0.170 | 0.240 | | |
| 1.75 | 0.220 | 0.320 | 0.220 | 0.320 | 0.220 | 0.320 | | |
| 2.0 | 0.246 | 0.360 | 0.260 | 0.380 | 0.260 | 0.380 | | |
| 2.1 | 0.260 | 0.380 | 0.280 | 0.400 | 0.280 | 0.400 | | |
| 2.5 | 0.360 | 0.500 | 0.380 | 0.540 | 0.380 | 0.540 | | |
| 2.75 | 0.400 | 0.560 | 0.420 | 0.600 | 0.420 | 0.600 | | |
| 3.0 | 0.460 | 0.640 | 0.480 | 0.660 | 0.480 | 0.660 | | |
| 3.5 | 0.540 | 0.740 | 0.580 | 0.780 | 0.580 | 0.780 | | |
| 4.0 | 0.640 | 0.880 | 0.680 | 0.920 | 0.680 | 0.920 | | |
| 4.5 | 0.720 | 1.000 | 0.680 | 0.960 | 0.780 | 1.040 | | |
| 5.5 | 0.940 | 1.280 | 0.780 | 1.100 | 0.980 | 1.320 | | |
| 6.0 | 1.080 | 1.440 | 0.840 | 1.200 | 1.140 | 1.500 | | |
| 6.5 | | | 0.940 | 1.300 | | | | |
| 8.0 | | | 1.200 | 1.680 | | | | |

注：冲裁皮革、石棉和纸板时，间隙取08钢的25%。

**二、凸、凹模刃口尺寸计算方法**

根据冲压加工方法的不同，刃口尺寸的计算方法也不一样，目前常用的有两类。

1. 凸模与凹模按图样分别加工法

这种方法适用于圆形或简单规则形状工件凸、凹模刃口尺寸的计算，因为冲裁这类工件的凸、凹模制造相对简单，精度也容易保证，所以凸、凹模采用分别加工法。设计时，在图样上分别标注出凸模和凹模刃口尺寸及其制造公差。

冲模刃口与工件尺寸及公差分布情况如图2-37所示。

（1）落料　落料时，先确定凹模刃口尺寸。考虑到模具的磨损，凹模基本尺寸应取接近或等于工件的最小极限尺寸。以凹模为基准，间隙取在凸模上，即冲裁间隙通过减小凸模刃口尺寸来取得。

设制件的外形尺寸为 $D_{-\Delta}^{0}$，计算公式为

$$D_A = (D_{max} - x\Delta)_0^{+\delta_A} \qquad (2\text{-}1)$$

$$D_T = (D_A - Z_{min})_{-\delta_T}^{0}$$

$$= (D_{max} - x\Delta - Z_{min})_{-\delta_T}^{0}$$

$$(2\text{-}2)$$

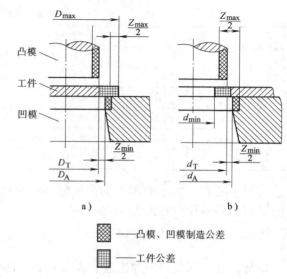

图 2-37 凸、凹模刃口尺寸的确定

式中 $D_T$、$D_A$——分别为落料凸、凹尺寸（mm）；

$\delta_T$、$\delta_A$——分别为凸、凹模的制造公差（mm），可查表 2-5，若 $|\delta_T| + |\delta_A| \leqslant Z_{max} - Z_{min}$，则取经验值 $\delta_T \leqslant 0.4 (Z_{max} - Z_{min})$，$\delta_A \leqslant 0.6 (Z_{max} - Z_{min})$；

$D_{max}$——落料件的最大极限尺寸（mm）；

$Z_{min}$——最小初始双面间隙（mm）；

$\Delta$——冲裁件制造公差（mm）；

$x$——冲裁系数，其值在 $0.5 \sim 1$ 之间，与工件精度有关，可从表 2-6 中选取，亦可按下面关系选取：工件精度为 IT10 以上时 $x=1$；工件精度为 IT11 ~ IT13 时 $x=0.75$；工件精度为 IT14 时 $x=0.5$。

（2）冲孔　冲孔时，先确定凸模刃口尺寸。考虑到模具的磨损，凸模基本尺寸取接近或等于工件孔的最大极限尺寸。以凸模为基准，间隙取在凹模上，即冲裁间隙通过增大凹模刃口尺寸来取得。

设冲孔尺寸为 $d_0^{+\Delta}$，根据尺寸计算原则，冲孔时应以凸模为设计基准，计算公式为

$$d_T = (d_{min} + x\Delta)_{-\delta_T}^{0} \qquad (2\text{-}3)$$

$$d_A = (d_T + Z_{min})_0^{+\delta_A} = (d_{min} + x\Delta + Z_{min})_0^{+\delta_A} \qquad (2\text{-}4)$$

式中 $d_T$、$d_A$——分别为冲孔凸、凹尺寸（mm）；

$d_{min}$——冲孔件最小极限尺寸（mm）。

表 2-5　规则形状（圆形、方形）冲裁时凸、凹模的制造偏差　　　（单位：mm）

| 公称尺寸 | 凸模偏差 $\delta_T$ | 凹模偏差 $\delta_A$ | 公称尺寸 | 凸模偏差 $\delta_T$ | 凹模偏差 $\delta_A$ |
|---|---|---|---|---|---|
| ≤18 | 0.020 | 0.020 | 180 ~ 260 | 0.030 | 0.045 |
| 18 ~ 30 | 0.020 | 0.025 | 260 ~ 360 | 0.035 | 0.050 |
| 30 ~ 80 | 0.020 | 0.030 | 360 ~ 500 | 0.040 | 0.060 |
| 80 ~ 120 | 0.025 | 0.035 | >500 | 0.050 | 0.070 |
| 120 ~ 180 | 0.030 | 0.040 | | | |

表 2-6 磨损系数 $x$

| 材料厚度 $t$/mm | 非圆形 | | | 圆形 | |
|---|---|---|---|---|---|
| | 1 | 0.75 | 0.5 | 0.75 | 0.5 |
| | 制件公差 $\Delta$/mm | | | | |
| 1 | <0.16 | 0.17 ~ 0.35 | ≥0.36 | <0.16 | ≥0.16 |
| 1 ~ 2 | <0.20 | 0.21 ~ 0.41 | ≥0.42 | <0.20 | ≥0.20 |
| 2 ~ 4 | <0.24 | 0.25 ~ 0.49 | ≥0.50 | <0.24 | ≥0.24 |
| >4 | <0.30 | 0.31 ~ 0.59 | ≥0.60 | <0.30 | ≥0.30 |

（3）孔心距　孔心距属于磨损后基本不变的尺寸。在同一工步中冲出两个相距为 $L$ 的孔时，其凹模型孔中心距 $L_d$ 计算公式为

$$L_d = L \pm \frac{1}{8}\Delta \tag{2-5}$$

显然，凸、凹模分别加工法的优点是凸、凹模互换性好，制造周期短，便于成批制造；其缺点是模具的制造公差比较小，模具加工比较困难，制造成本高，适用于圆形、方形、矩形等规则形状冲裁件的模具设计。

**例 2-1**　冲制如图 2-38 所示零件，材料为 Q235A 钢，料厚 $t = 0.5\text{mm}$，试计算冲裁凸、凹模刃口尺寸及公差。

**解：** 由图可知，该零件属于无特殊要求的一般冲孔、落料件。

查表 2-4 可得

$Z_{\min} = 0.04\text{mm}$，$Z_{\max} = 0.06\text{mm}$，则有 $Z_{\max} - Z_{\min}$ = （0.06 - 0.04）mm = 0.02mm

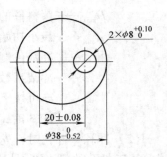

图 2-38　零件

查公差表可知 $\phi 8^{+0.10}_{0}\text{mm}$ 为 IT12 级，则取 $x = 0.75$；$\phi 38^{0}_{-0.52}\text{mm}$ 为 IT14 级，则取 $x = 0.5\text{mm}$。凸、凹的制造精度等级按常用的 IT6 级与 IT7 级加工制造。

（1）对于所冲的两个孔

$$d_T = (d_{\min} + x\Delta)^{0}_{-\delta_T} = (8 + 0.75 \times 0.10)^{0}_{-0.008}\text{mm} = 8.075^{0}_{-0.008}\text{mm}$$

$$d_A = (d_T + Z_{\min})^{+\delta_A}_{0} = (8.075 + 0.04)^{+0.012}_{0}\text{mm} = 8.115^{+0.012}_{0}\text{mm}$$

校核：$|\delta_T| + |\delta_A| \leq Z_{\max} - Z_{\min}$

$0.008 + 0.012 \leq 0.06 - 0.04$，即 $0.02 \leq 0.02$（满足间隙公差条件）

（2）对于落料尺寸

$$D_A = (D_{\max} - x\Delta)^{+\delta_A}_{0} = (38 - 0.5 \times 0.52)^{+0.025}_{0}\text{mm} = 37.78^{+0.025}_{0}\text{mm}$$

$$D_T = (D_A - Z_{\min})^{0}_{-\delta_T} = (37.78 - 0.04)^{0}_{-0.016}\text{mm} = 37.74^{0}_{-0.016}\text{mm}$$

校核：因 $0.016 + 0.025 = 0.04$ 大于 $0.02$，故不满足间隙工差条件，只有缩小 $\delta_T$、$\delta_A$，提高凸、凹的制造精度，才能保证间隙在合理范围内，凸、凹模公差重新调整如下：

$$\delta_T \leq 0.4(Z_{\max} - Z_{\min}) = 0.4 \times 0.02\text{mm} = 0.008\text{mm}$$

$$\delta_A \leq 0.6(Z_{\max} - Z_{\min}) = 0.6 \times 0.02\text{mm} = 0.012\text{mm}$$

则 $D_A = 37.78^{+0.012}_{0}\text{mm}$，$D_T = 37.74^{0}_{-0.008}\text{mm}$

（3）孔心距的计算

$$L_d = L \pm \frac{1}{8}\Delta = 20mm \pm \frac{1}{8} \times (0.08 + 0.08)mm = (20 \pm 0.02)mm$$

**2. 凸模与凹模配作法**

目前，模具加工中采用最为广泛的是凸模与凹模配作法。凸模与凹模配作法就是先按设计尺寸制造出一个基准件（凸模或凹模），然后根据基准件的实际尺寸按最小合理间隙配制另一件（凹模或凸模）。这种加工方法的特点是模具的间隙由配制保证，工艺比较简单，模具制造方便，成本低，特别是模具间隙容易保证。设计时，基准件的刃口尺寸及制造公差应详细标注，而配件上只标注公称尺寸，不注公差，只在图样上注明"凸（凹）模刃口按凹（凸）模实际刃口尺寸配制，保证最小双面合理间隙值 $Z_{min}$"。

采用配作法，计算凸模或凹模刃口尺寸，首先是根据凸模或凹模磨损后轮廓变化情况，正确判断出模具刃口各个尺寸在磨损过程中是变大、变小还是不变这三种情况，然后分别按不同的公式计算，如图 2-39 所示。

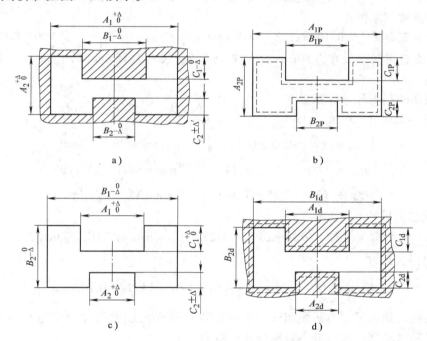

图 2-39 冲孔落料时凸、凹模刃口磨损变化
a）冲孔 b）冲孔凸模 c）落料 d）落料凹模

（1）第一类尺寸 $A$——凸模或凹模磨损后，轮廓增大情况的尺寸 落料凹模或冲孔凸模磨损后将会增大的尺寸，相当于简单形状落料凹模尺寸，其计算公式为

$$A = (A_{max} - x\Delta)^{+\frac{1}{4}\Delta}_{0} \qquad (2\text{-}6)$$

（2）第二类尺寸 $B$——凸模或凹模磨损后，轮廓减小情况的尺寸 冲孔凸模或落料凹模磨损后将会减小的尺寸，相当于简单形状冲孔凸模尺寸，其计算公式为

$$B = (B_{min} + x\Delta)^{0}_{-\frac{1}{4}\Delta} \qquad (2\text{-}7)$$

（3）第三类尺寸 $C$——凸模或凹模磨损后，轮廓不变情况的尺寸 如果凸模或凹模在磨

损后尺寸基本不变，就不用考虑磨损的影响，相当于简单形状的孔心距尺寸，其基本尺寸及制造公差的计算公式为

$$C = \left(C_{\min} + \frac{1}{2}\Delta\right) \pm \frac{1}{8}\Delta \qquad (2\text{-}8)$$

式中　$A$、$B$、$C$——模具基准件的尺寸（mm）；

$A_{\max}$、$B_{\min}$、$C_{\min}$——制件的极限尺寸（mm）；

$\Delta$——制件公差（mm）。

**例 2-2**　落料件如图 2-40 所示，已知 $A = 80_{-0.42}^{\ 0}$mm，$B =$
$40_{-0.34}^{\ 0}$mm，$C = 35_{-0.34}^{\ 0}$mm，$D = 22 \pm 0.14$mm，$E = 15_{-0.12}^{\ 0}$mm，板料厚度 $t = 1$mm，材料为 10 号钢，试计算冲裁件的凸模、凹模刃口尺寸及制造公差。

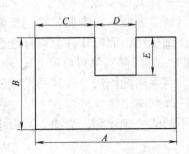

图 2-40　落料件

**解：**该冲裁件属于落料件，凹模为其设计基准件，只需要计算落料凹模刃口尺寸及制造公差，凸模刃口尺寸由凹模实际尺寸按间隙要求配作。

由表 2-4 查得 $Z_{\min} = 0.10$mm，$Z_{\max} = 0.14$mm。

由表 2-6 查得对于尺寸为 80mm 的，选 $x = 0.5$；尺寸为 15mm 的，选 $x = 1$；其余尺寸均选 $x = 0.75$。

落料凹模的基本尺寸计算如下：

（1）第一类尺寸

$$A_{凹} = (80 - 0.5 \times 0.42)_{\ 0}^{+\frac{1}{4} \times 0.42}\text{mm} = 79.79_{\ 0}^{+0.015}\text{mm}$$

$$B_{凹} = (40 - 0.75 \times 0.34)_{\ 0}^{+\frac{1}{4} \times 0.34}\text{mm} = 39.75_{\ 0}^{+0.085}\text{mm}$$

$$C_{凹} = (35 - 0.75 \times 0.34)_{\ 0}^{+\frac{1}{4} \times 0.34}\text{mm} = 34.75_{\ 0}^{+0.085}\text{mm}$$

（2）第二类尺寸

$$D_{凹} = (22 - 0.14 + 0.75 \times 0.28)_{-\frac{1}{4} \times 0.28}^{\ 0}\text{mm} = 22.07_{-0.07}^{\ 0}\text{mm}$$

（3）第三类尺寸

$$E_{凹} = (15 - 0.06) \pm \frac{1}{8} \times 0.12\text{mm} = 14.94 \pm 0.015\text{mm}$$

落料凸模的基本尺寸与凹模相同，不用计算，只要在技术条件中注明"凸模实际刃口尺寸与落料凹模配制，保证最小双面合理间隙值"。

# 第五节　冲压模具主要零件的制造

## 一、冲压模具零件的分类

### 1. 工艺类零件

工艺类零件是指直接参与完成冲压加工过程，并和坯料直接发生作用的零件，包括直接对毛坯进行加工成型的工作零件和用以确定加工中毛坯正确位置的定位类零件等。

### 2. 结构类零件

结构类零件是指不直接参与完成冲压加工过程，也不和坯料直接发生作用，只对模具完

成加工过程起保证作用或对模具的功能起完善作用的零件，包括保证上、下模运动正确位置的导向类零件，用以承受模具零件或将模具安装固定到压力机上的固定类零件等。

模具零件的详细分类如图 2-41 所示。

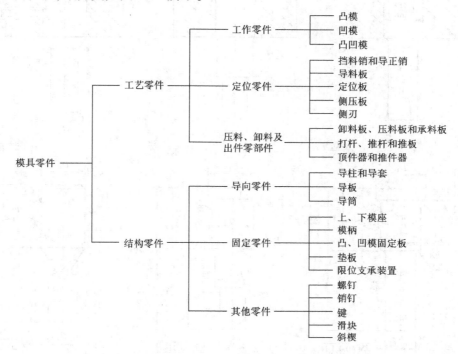

图 2-41　冲压模具零件的分类

## 二、工作零件的加工

### 1. 凸模

凸模的形式很多，按截面形状分有圆形和非圆形；按刃口形状分有平刃和斜刃凸模；按结构分有整体式、镶拼式、阶梯式、直通式和带护套式凸模等。

（1）圆形凸模的结构形式及加工　圆形凸模的工作面和固定端一般都是圆形，其结构主要由外圆柱面和端面及过渡圆角组成，如图 2-42 所示。

圆形凸模有三种形式：①用于较大直径的凸模（图 2-42a）；②用于较小直径的凸模（图 2-42b）；③快换式的小凸模（图 2-42c）。其中，前两种凸模适用于冲裁力和卸料力较大的场合，而第三种凸模便于维修更换。

圆形凸模的强度和刚性较好，容易安装，便于维修。台肩的作用是以便于安装与固定，保证工作时凸模不脱落。

圆形凸模制造方法比较简单，在车床上先加工毛坯，经热处理后，用外圆磨床精磨，最后刃磨工作部分。

加工时，一般可通过一次装夹或采用同一定位基准安装加工的工艺措施来保证。常见的工艺方案有双顶尖法和工艺夹头法。

1）双顶尖法。双顶尖法是先车削出圆形凸模的两个端面，钻两端中心孔，再用双顶尖装夹圆凸模毛坯，车削及磨削圆柱面。这种方法可保证车削、磨削外圆时安装定位基准相同，适用于细长圆形凸模的加工。

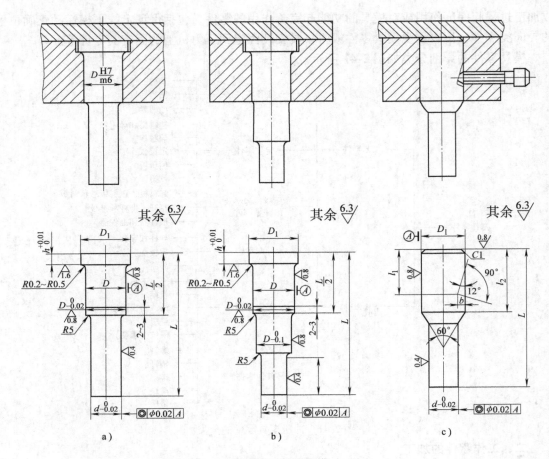

图 2-42　圆形凸模

a）用于较大直径的凸模　b）用于较小直径的凸模　c）快换式的小凸模

2）工艺夹头法。工艺夹头法是先车削出圆形凸模两端面、外圆及工艺夹头，然后用三爪自定心卡盘，一次装夹磨削三个台阶圆，如图2-43所示。这种方法适用于长径比不大的圆形凸模加工。图 2-43 中，夹头长 10mm，割槽处留 5mm，待圆形凸模组装入凸模固定板后，用锤子敲出工艺夹头，再磨平圆形凸模的上端面。

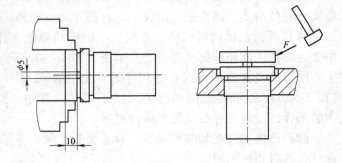

图 2-43　工艺夹头法

（2）非圆形凸模的结构形式及加工　非圆形凸模固定部分的截面形状一般是比较简单的圆形或矩形，如图 2-44 所示。其中，图 2-44a 是采用台肩进行固定，图 2-44b 是铆接固定。但必须注意，如果工作部分的截面是非圆形的，而固定部分是圆形的，都必须在固定端接缝处加防转销。

图 2-44c 和图 2-44d 是直通式凸模。直通式凸模可以采用线切割、成形磨削或成形铣削

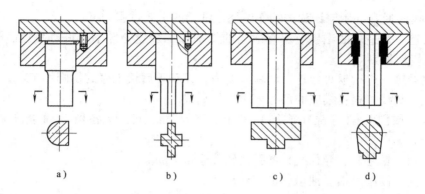

图 2-44　非圆形凸模

加工，但是固定板型孔的加工较复杂。这种凸模的工作端面应进行淬火，淬火长度约为全长的 1/3。

图 2-44d 用粘接方法进行固定。常用的粘结剂有低熔点合金、环氧树脂及无机粘结剂等。用低熔点合金等粘结剂固定凸模方法的优点在于，当多凸模冲裁时（如电机定、转子冲槽孔），可以简化凸模固定板加工工艺。便于在装配时保证凸模与凹模之间有较合理且均匀的间隙。

对于非圆形凸模的加工，常采用刨削、铣削、磨削、压印锉修及线切割等加工方式。

2. 凹模

（1）单圆形凹模型孔的加工　单圆形凹模型孔的加工比较容易，一般采用钻、扩、镗等加工方法进行粗加工和半精加工，经过热处理后，再在内圆磨床上精加工。

（2）多圆形凹模型孔的加工　多圆形凹模型孔的加工属于孔系加工。加工时，除保证各凹模型孔的尺寸及形状精度外，还要保证各凹模型孔之间的相对位置。多圆形凹模型孔一般采用高精度的坐标镗床、立式铣床及线切割加工。

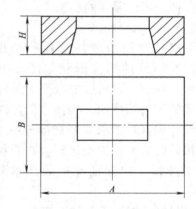

（3）非圆形凹模型孔的加工　非圆形凹模型孔如图 2-45 所示，对其加工可采用铣削、线切割等加工方式。

图 2-45　非圆形凹模型孔

三、上、下模座的加工

冲压模具的上、下模座用来安装导柱，导套，连接凸、凹模固定板等零件，并在压力机上起安装作用。

模座主要是平面加工和孔系加工。为了使加工方便和保证模座的技术要求，应先加工平面，再以平面定位加工孔系。模座毛坯表面经过铣（或刨）削加工后，再磨上、下平面以提高平面度和上、下平面的平行度，再以平面作主要定位基准加工孔系，从而保证孔加工的垂直度要求。

上、下模座的孔系加工，根据加工要求和生产条件，可以在专用镗床（批量较大时）、坐标镗床上进行，也可以在铣床或摇臂钻床等机床上采用坐标法或利用引导元件进行。有条件的工厂，也可利用加工中心采用相同的坐标程序分别完成上、下模座孔系的钻、扩、铰或镗孔工序。

上、下模座通常都用铸铁和铸钢作毛坯，常用的工艺过程如下：

（1）铸造　铸造后的毛坯应留有适当的切削加工余量，并不允许有夹渣、裂纹和过大的缩孔、过烧现象。

（2）热处理　进行退火处理，消除内应力，以利于后续工序的切削加工。

（3）钳工划线　根据模座的尺寸要求进行划线。

（4）铣（或刨）削　铣（或刨）削上、下平面，上、下各留单面磨削余量0.15～0.20mm。

（5）钻削　钻导套、导柱孔，各孔留镗孔余量2mm。

（6）刨削　刨削气槽、油槽，加工到尺寸。

（7）磨削　磨削上、下平面，加工到尺寸要求。

（8）铣削　铣削肩台至尺寸。

（9）镗削　镗削导柱、导套孔。在镗孔时，上、下模座的导套及导柱孔应配对加工，其余各螺孔、销钉孔应与凸模固定板、凹模配钻加工，以保证两零件孔的同轴度要求。加工模板孔时，需以模板平面为基准，用专用镗床或钻床加工。其上、下模座相应的导柱、导套孔应保持同轴，而孔的中心线应与模板平面保持垂直并达到孔径尺寸。

（10）检验　按图样要求进行检验。

（11）钳工　加工后的模板应去除未加工表面的毛刺、凸起或对非加工表面涂漆。

### 四、导向零件的加工

1. 导柱的加工

模具应用的导柱结构种类很多，其标准的结构形状如图2-46所示。导柱主要构成的表面为不同直径的同轴圆柱面，根据它们的结构尺寸和材料要求，可直接选用适当尺寸的圆钢作为毛坯料。在机械加工过程中应保证导柱的技术要求。

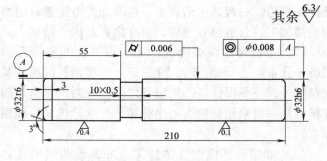

图2-46　导柱的结构形状

导柱的加工工艺过程如下：

（1）备料、切断　导柱的材料一般为20钢（或按图样要求选取材料）。切断后，断面应留有端面车削余量3～5mm，外圆应留有3～4mm的切削余量。

（2）车削端面、钻中心孔　车削一端面，留1.5～2.5mm另一端面车削余量，钻中心孔；掉头车削另一端面至尺寸要求，钻中心孔。

（3）车削外圆　按图样粗车外圆，两边各留0.5mm的磨削余量，若导柱有槽，切槽至尺寸。

（4）检验　检验前几道工序的加工尺寸。

（5）热处理　按工艺进行，保证渗碳层深度0.8～1.2mm，渗碳后的淬火硬度为58～62HRC。

（6）研磨　研一端中心孔，然后掉头研另一端中心孔。

（7）磨削　用外圆磨床及无心磨床磨削外圆。磨削后应留0.01～0.05mm的研磨余量。

（8）研磨　加工后的导柱，为降低外圆表面粗糙度值，达到表面质量要求，可抛光圆柱面。

（9）检验　检验各工序的加工尺寸。

2. 导套的加工

导套和导柱一样，都是模具中广泛应用的导向零件，其常见的标准结构形状如图2-47所示。构成它们的主要表面是内外圆柱面，因此，可根据它们的结构形状、尺寸和材料要求，选用适当尺寸的圆钢作为毛坯。

导套的加工工艺过程如下：

（1）备料，切断　将圆钢切断，长度范围内留端面切削余量4mm（两端），在圆柱直径上应留3～4mm的车削余量。

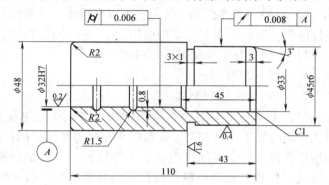

图2-47　导套的标准结构

（2）车削　车削端面留2～3mm余量，钻导套孔留2mm车、磨削余量，车削外圆刀留磨削余量，镗孔、镗油槽。

（3）车削　车削另一端至尺寸要求，车削外圆至尺寸。

（4）检验　检验前几道工序尺寸。

（5）热处理　按热处理工艺进行，保证渗碳层深度0.8～1.2mm，硬度58～62HRC。

（6）磨削　磨削内孔留0.01mm研磨余量，磨削外圆至尺寸。

**五、模具零件的电加工**

电器开关触点在闭合和断开时，往往会产生电火花，使开关表面有烧损的痕迹，这种因放电而引起电极烧损的现象称为电腐蚀，电加工就是利用电腐蚀对金属材料加工成形的工艺方法。它不但能加工形状复杂、尺寸细小、精度要求较高的冲模零件，而且能有效地加工经过淬硬或难以用金属切削方法加工的零件。电加工的制造精度高、质量好，有较高的加工效率，不受热处理淬火变形影响，因而广泛地应用于模具制造中。常见的电加工有电火花成形加工和电火花线切割加工。

1. 电火花成形加工

电火花成形加工是在一定介质中，通过工具电极和工件电极之间脉冲放电的电腐蚀作用，对工件表面进行尺寸加工的工艺方法。

电火花成形加工的原理如图2-48所示，由脉冲电源2输出的电压加在液体介质中的工件和工具电极（以下简称为电极）上，自动进给调节装置5（图中仅为该装置的执行部分）使电极和工件保持一定的放电间隙。当电压升高时，会在某一间隙最小处或绝缘强度最低处击穿介质，产生火花放电，瞬时高温使电极和工件表面都被蚀除

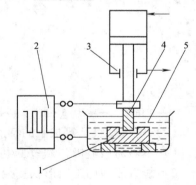

图2-48　电火花成形加工原理
1—工件　2—脉冲电源
3—自动进给调节装置
4—工具电极　5—工作液

掉一小块材料，各自形成一个小凹坑。电火花成形加工实际上是电极和工件间的连续不断的火花放电。通过电极不断进给，工件不断产生电腐蚀，就可将电极形状复制在工件上，加工出所需要的成形表面（其整个表面将由无数个小凹境所组成）。

一次脉冲放电过程可分为电离、放电、热膨胀、抛出金属和消电离等阶段。电火花成形加工具有以下特点：

1）电极和工件在加工过程中不直接接触，两者间的宏观作用力很小，因而不受电极和工件的刚度限制，有利于实现微细加工（如小孔直径可达0.015mm）。

2）电极材料不必比工件材料硬度高。

3）容易实现自动化。

2. 电火花线切割加工

（1）基本原理　电火花线切割加工也是通过电极和工件之间脉冲放电的电腐蚀作用，对工件进行加工，其加工原理与电火花成形加工相同，但加工方式不同，电火花线切割加工采用连续移动的金属丝作电极，工件接脉冲电源的正极，电极丝接负极，如图2-49所示。工件（工作台）相对电极丝按预定的要求运动，从而使电极丝沿着所要求的切割路线进行电腐蚀，实现切割加工。在加工中，电蚀产物由循环流动的工作液带走。电极丝以一定的速度运动（称为走丝运动），其目的是减小电极损耗，且不被火花放电烧断，同时也有利于电蚀产物的排除。

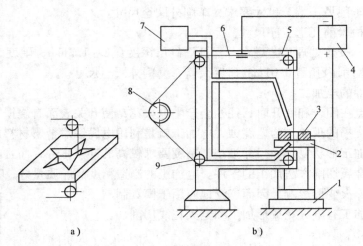

图2-49　电火花线切割加工基本原理

a）切割图形　b）加工示意图

1—工作台　2—夹具　3—工件　4—脉冲电源　5—丝架　6—电极丝　7—工作液箱　8—储丝筒　9—导轮

（2）电火花线切割加工的特点

1）不需另做电极，缩短了生产周期。

2）能方便地加工出形状复杂、细小的通孔和外形表面。

3）电极损耗极小（一般可忽略不计），有利于提高精度。

4）采用四轴联动，可加工锥度和上、下异形体等零件。

（3）电火花线切割加工艺　电火花线切割加工一般作为零件加工的最后工序。要达到加工零件的精度和表面粗糙度要求，应合理控制线切割加工时的各种因素（电参数、切割速度、工件装夹等），同时应安排好零件的工艺路线及线切割加工前的准备。

（1）毛坯准备　模具工作零件一般采用锻造毛坯，其线切割加工常在淬火或回火后进行。由于受材料淬透性的影响，当大面积去除金属和切断加工时，会使材料内部残余应力的相对平衡状态发生变化而引起变形，影响加工精度。为减少这种影响，除在设计时应选用锻造性能好、淬透性好、热处理变形小的合金工具钢作模具材料外，对模具毛坯锻造及热处理工艺也应正确进行。

当凹模型孔较大时，为减少线切割加工量，需将型孔下部漏料部分铣（或车）出（并在型孔部位钻穿丝孔），只切割刃口高度；对淬透性差的材料，还应将型孔的部分材料去除，单边留 3～5mm 切割余量。

凸模的准备可参照凹模的准备工序。将毛坯锻造成六面体，并将其中多余的余量去除，保留切割轮廓线与毛坯之间的余量（一般不小于5mm），并注意留出装夹部位。

（2）工艺参数的选择

1）脉冲参数的选择。要求获得较小的表面粗糙度值时，选用的电参数要小；若要求获得较高的切割速度，脉冲参数要选大一些，但加工电流的增大受排屑条件及电极丝截面积的限制，过大的电流易引起断丝。

2）电极丝的选择。电极丝应具有良好的导电性和抗电蚀性，且抗拉强度高，材质均匀。常用电极丝有钼丝、钨丝、黄铜丝等，其中，钨丝抗拉强度高，直径 $\phi$（0.03～0.1）mm，一般用于各种窄缝的精加工，但价格昂贵；黄铜丝抗拉强度较低，适于慢速走丝加工，直径 $\phi$（0.1～0.3）mm；钼丝抗拉强度高，适于快速走丝加工，直径 $\phi$（0.08～0.2）mm。

电极丝直径应根据切缝的宽窄、工件厚度和拐角尺寸大小来选择。若加工带尖角、窄缝的小型模具宜选用较细的电极丝；若加工大厚度或大电流切割时应选用较粗的电极丝。

3）工作液的选配。工作液对切割速度、表面粗糙度等有较大影响。慢速走丝切割加工，普遍使用去离子水；对于快速走丝切割加工，最常用的是乳化液。乳化液是由乳化油和工作介质配制而成的（浓度为5%～10%）。工作介质可以用自来水、蒸馏水、高纯水等。

（3）工件的装夹与调整

1）工件装夹。工件装夹时必须保证工件的切割部位位于机床工作台纵向、横向进给的允许范围之内，同时应考虑切割时电极丝的运动空间。

2）工件的调整。装夹工件时，还必须配合找正法进行调整，方能使工件的定位基准面分别与机床的工作台面和工作台的进给方向保持平行，以保证所切割的表面与基准面之间的相对位置精度。常用的找正方法有百分表找正法和划线找正法。

① 百分表找正法。往复移动工作台，按百分表的指示值调整工件位置，直至百分表指针的偏摆范围达到所要求的数值，找正应在相互垂直的三个方向上进行，如图2-50所示。

② 划线找正法。工件的切割图形与定位基准间的相互位置精度要求不高时，可采用划线法找正，如图2-51所示。往复移动工作台，目测划针与基准间的偏离情况，将工件调整到正确位置。

（4）电极丝位置的调整　电火花线切割加工之前，应将电极丝调整到切割的起始位置上，常用的调整方法有以下几种：

1） 目测法（图2-52）。对加工精度要求较低的工件，可以直接利用目测或借助放大镜来进行观测。利用穿丝孔处划出的十字基准线，分别从不同方向观察电极丝与基准线的相对位置，根据偏离情况移动工作台，直到电极丝与基准线中心重合时，工作台纵、横方向上的读数就是电极丝中心的坐标位置。

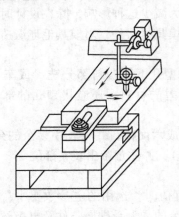

图 2-50　百分表找正法

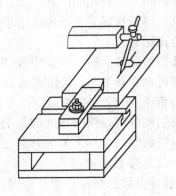

图 2-51　划线法找正

2）火花法（图 2-53）。移动工作台使工件基准面逐渐靠近电极丝，在出现火花时，记下工作台的相应坐标值，再根据放电间隙推算电极丝中心的坐标。

3）自动找中心（图 2-54）。自动找中心就是让电极丝在工件孔的中心自动定位，数控功能较强的线切割机床常用这种方法。首先让电极丝在 $x$ 轴或 $y$ 轴方向与孔壁接触，接着在另一轴的方向进行上述过程，经过几次重复，数控线切割机床的数控装置自动计算后就可找到孔的中心位置。

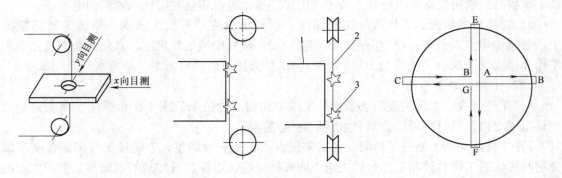

图 2-52　目测法调整　　　图 2-53　火花法调整电极丝位置　　　图 2-54　自动找中心
　电极丝位置　　　　　　1—工件　2—电极丝　3—火花

# 第六节　冲压模具的装配与试模

冲压模具的装配是按照设计要求，将模具零件联接或固定起来，达到一定的装配技术要求，并保证加工出合格冲压件的过程。对于冲裁模，既要保证零件的加工精度，也要保证装配技术要求，例如，若装配不能保证均匀的冲裁间隙，就会影响冲压件的质量和模具的使用寿命。

在模具进行装配之前，要仔细研究设计图样，按照模具的结构和技术要求，确定合理的装配顺序及装配方法，选择合理的检测方法和测量工具。

**一、冲裁模装配的技术要求**

1）装配好的冲模，其闭合高度应符合设计要求。

2）模柄（活动模柄除外）装入模座后，其轴线对上模座上平面的垂直度误差在全长范围内不大于 0.05mm。

3）导柱与导套装配后，其轴线应分别垂直于下模座的底平面和上模座的上平面，其垂直度误差应符合表 2-7 的规定。

表 2-7　模架分级技术指标

| 项 | 检查项目 | 被测尺寸/mm | 模架精度等级 | |
|---|---|---|---|---|
| | | | 0Ⅰ、Ⅰ级 | 0Ⅱ、Ⅱ级 |
| | | | 公差等级（IT） | |
| 1 | 上模座上平面对下模座下平面的平行度 | ≤400 | 5 | 6 |
| | | >400 | 6 | 7 |
| 2 | 导柱中心线对下模座下平面的垂直度 | ≤160 | 4 | 5 |
| | | >160 | 5 | 6 |

4）装入模架的每对导柱和导套的配合间隙（或过盈）见表 2-8。

表 2-8　导柱、导套配合间隙（或过盈）　　　　（单位：mm）

| 配合形式 | 导柱直径 | 模架精度等级 | | 配合后的过盈值 |
|---|---|---|---|---|
| | | Ⅰ级 | Ⅱ级 | |
| | | 配合后的间隙值 | | |
| 滑动配合 | ≤18 | ≤0.010 | ≤0.015 | |
| | 18~30 | ≤0.011 | ≤0.017 | |
| | 30~50 | ≤0.014 | ≤0.021 | |
| | 50~80 | ≤0.016 | ≤0.025 | |
| 滚动配合 | 18~35 | — | — | 0.01~0.02 |

注：1. Ⅰ级精度的模架必须符合导套、导柱配合精度为 H6/h5 时按表给定的配合间隙值。
　　2. Ⅱ级精度的模架必须符合导套、导柱配合精度为 H7/h6 时按表给定的配合间隙值。

5）上模座的上平面应与下模座的底平面平行，其平行度应符合表 2-9 的规定。

表 2-9　模座上、下平面的平行度公差

| 基本尺寸 | 公差等级（IT） | | 基本尺寸 | 公差等级（IT） | |
|---|---|---|---|---|---|
| | 4 | 5 | | 4 | 5 |
| | 公差值/mm | | | 公差值/mm | |
| 40~63 | 0.008 | 0.012 | 250~400 | 0.020 | 0.030 |
| 63~100 | 0.010 | 0.015 | 400~630 | 0.025 | 0.040 |
| 100~160 | 0.012 | 0.020 | 630~1000 | 0.030 | 0.050 |
| 160~250 | 0.015 | 0.025 | 1000~1600 | 0.040 | 0.060 |

6）装配好的模架，其上模座沿导柱上、下移动应平稳，无阻滞现象。

7）装配好的导柱，其固定端面与下模座下平面应保留 1～2mm 距离，选用 B 型导套时，装配后其固定端面应低于上模座上平面 1～2mm。

8）凸模和凹模的配合间隙应符合设计要求，沿整个刃口轮廓应均匀一致。

9）定位装置要保证定位正确可靠，卸料、顶料装置要动作灵活、正确，出料孔要畅通无阻，保证制件及废料不卡在冲模内。

10）模具应在生产现场进行试模，冲出的制件应符合设计要求。

由于模具制造属于单件小批生产，装配时常采用修配法和调整法来保证装配精度。

**二、主要组件的装配**

1. 模柄的装配

图 2-55 所示的冲裁模采用压入式模柄，模柄与上模座的配合为 H7/m6。在装配凸模固定板和垫板之前，应先将模柄压入模座孔内，如图 2-55a 所示，并用直角尺检查模柄圆柱面与上模座上平面的垂直度，其误差不大于 0.05mm。模柄垂直度检验合格后再加工骑缝销（螺）孔，装入骑缝销（或螺钉），然后将端面在平面磨床上磨平，如图 2-55b 所示。

2. 导柱、导套的装配

（1）先压入导柱的装配方法

1）选配导柱和导套。按照模架精度等级规定选配导柱和导套，使其配合间隙符合技术要求。

2）压入导柱。压入导柱时（图 2-56），在压力机平台上将导柱置于模座孔内，用百分表在两个垂直方向检验和校正导柱的垂直度，边检验校正边，将导柱慢慢压入模座。

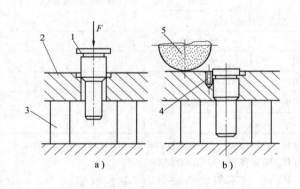

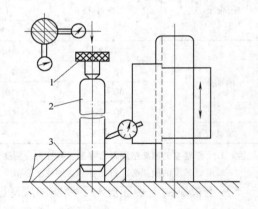

图 2-55　模柄的装配过程

a）模柄装配　b）模柄端面磨削

1—模柄　2—上模座　3—等高垫铁

4—骑缝销　5—砂轮

图 2-56　压入导柱

1—压块　2—导柱　3—下模座

3）检测导柱与模座基准平面的垂直度。应用专用工具或直角尺检测垂直度，不合格时退出重新压入。

4）装导套。将上模座反置装上导套，转动导套，用百分表检查导套内外圆配合面的同轴度误差，如图 2-57a 所示。然后将同轴度最大误差 $\Delta_{max}$ 调至两导套中心连线的垂直方向，使由同轴度误差引起的中心距变化最小。

5）压入导套（图2-57b）。将帽形垫块置于导套上，在压力机上将导套压入上模座一段长度，取走下模部分，用帽形垫块将导套全部压入模座。

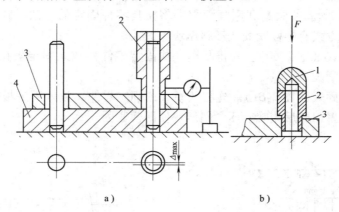

图 2-57 压入导套

a）装导套 b）压入导套

1—帽形垫块 2—导套 3—上模座 4—下模座

6）检验。将上模座与下模座对合，中间垫上等高垫块，检验模架平行度精度。

（2）先压入导套的装配方法

1）选配导柱和导套。

2）压入导套（图2-58）。将上模座放于专用工具4的平板上，平板上有两个与底面垂直且与导柱直径相同的圆柱，将导套2分别装入两个圆柱上，垫上等高垫块1，在压力机上将两导套压入上模座3。

3）装导柱（图2-59）。在上下模座之间垫入等高垫块，将导柱4插入导套2内，在压力机上将导柱压入下模座5～6mm，再将上模座提升到导套不脱离导柱的最高位置，即图2-59双点画线所示位置，然后轻轻放下，检验上模座与等高垫块接触的松紧是否均匀，如果松紧不均匀，应调整导柱，直至松紧均匀。

4）压入导柱。

5）检验模架平行度精度。

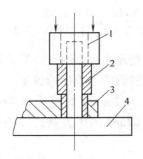

图 2-58 压入导套

1—等高垫块 2—导套
3—上模座 4—专用工具

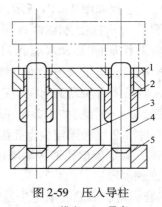

图 2-59 压入导柱

1—上模座 2—导套
3—等高垫块 4—导柱 5—下模座

3. 凸模和凹模的装配

（1）机械固定法

1）紧固件法。紧固件法是利用紧固零件将模具零件固定的方法，其特点是工艺简单、紧固方便。常用的方式有螺栓紧固式和斜压块紧固式。

① 螺栓紧固式（图2-60）。先将凸模（或固定零件）放入固定板孔内，调整好位置，然后用螺栓将凸模紧固。

② 斜压块紧固式（图2-61）。先将凹模（或固定零件）放入固定板带有约10°的锥度的孔内，调整好位置，然后用螺栓压紧斜压块使凹模紧固。

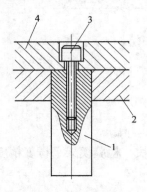

图2-60　螺栓紧固式
1—凸模　2—凸模固定板　3—螺栓　4—垫板

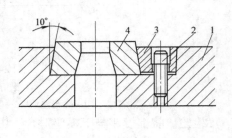

图2-61　斜压块紧固式
1—模座　2—螺栓　3—斜压块　4—凹模

2）压入法。压入法如图 2-62a 所示，其定位配合部位采用 H7/m6、H7/n6 和 H7/r6 配合，压入时利用台阶结构限制轴向移动，适用于冲裁板厚 $t \leqslant 6mm$ 的冲裁凸模及各类模具零件。压入法的特点是联接牢固可靠，对配合孔的精度要求较高，因此加工成本高。

装配压入过程如图 2-62b 所示，先将凸模固定板型孔台阶向上放在两个等高垫块上，将凸模工作端向下放入型孔对正，用

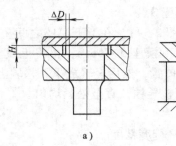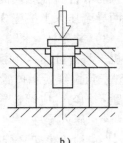

图2-62　压入法
a）压入法　b）装配压入过程

压力机慢慢压入，边压入边检查凸模垂直度，并注意过盈量及表面粗糙度，导入圆角和导入斜度。压入后凸模台阶端面与模板孔的台阶端面相接触，然后将凸模尾端磨平。

3）铆接法。铆接法如图 2-63 所示，适用于冲裁板厚 $t \leqslant 2mm$ 的冲裁凸模和其他轴向拉力不大的零件。凸模和固定板型孔配合部分保持 $0.01 \sim 0.03mm$ 的过盈量，铆接端凸模硬度小于30HRC，固定板型孔铆接端周边倒角为 $C0.5 \sim C1$。

（2）物理固定法

1）热套固定法。热套固定法是应用金属材料热胀冷缩的物理特性对模具零件进行固定的方法，常用于固定凸模、凹模拼块及硬质合金模块。

热套固定凹模如图 2-64 所示，凹模和固定板配合孔的过盈量为 $0.001 \sim 0.002mm$。固定

时先将其配合面擦净，放入箱式电炉内加热后取出，将凹模放入固定板配合孔中，冷却后固定板收缩即将凹模固定。固定后再在平面磨床上磨平并进行型孔精加工。其加热温度：凹模块为 200～250℃，固定板为 400～450℃。

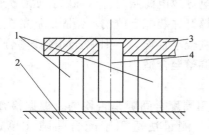

图 2-63　铆接法
1—等高垫块　2—平板　3—凸模固定板　4—凸模

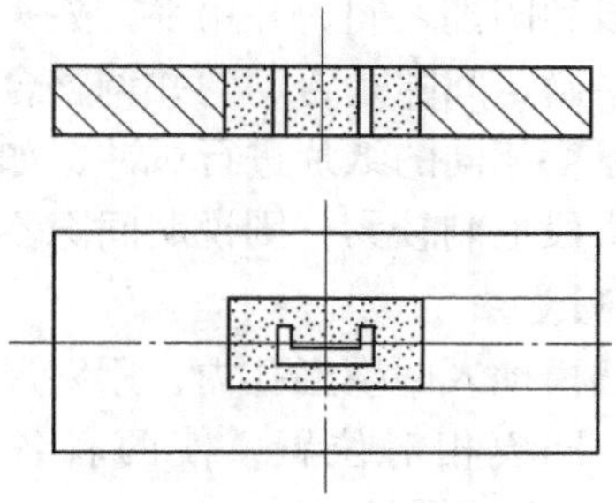

图 2-64　热套固定凹模

　　2）低熔点合金固定法。凸模、凹模低熔点合金固定法如图 2-65 所示。浇注低熔点合金之前，固定零件应进行清洗、去除油污，并将固定零件的位置找正，利用辅助工具和配合零件等进行定位。将浇注部位预热至 100～150℃ 后再浇注，浇注过程中及浇注后都不能触动固定零件，以防错位。浇注后一般放置 24h 进行充分冷却。

　　（3）化学固定法　化学固定法是利用有机或无机粘结剂，对模具固定零件进行粘接固定的方法。常用的是环氧树脂粘结剂固定法。

　　环氧树脂粘结剂固定法是将环氧树脂粘结剂浇入固定零件的间隙内，经固化后固定模具零件的方法。环氧树脂粘结剂固定法固定凸模如图 2-66 所示。

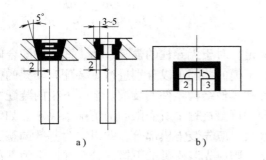

图 2-65　低熔点合金固定法
a）固定凸模　b）固定凹模

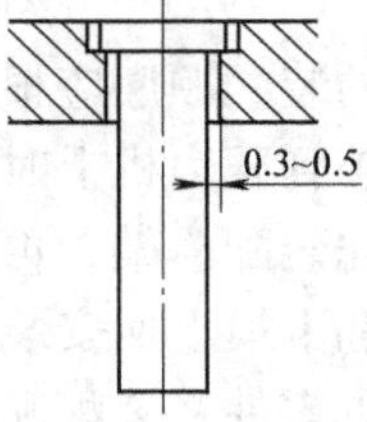

图 2-66　环氧树脂粘结固定法

　　浇注前，先将环氧树脂在烧杯中加热到 70～80℃，再将经过烘箱（200℃）烘干的铁粉加入到加热后的环氧树脂中调制均匀，然后加入邻苯二甲酸二丁酯，继续搅拌均匀。当温度降到 40℃ 左右时，将无水乙二胺加入继续搅拌，待无气泡后，即可浇注。被粘接零件必须借助辅助工具和其他零件相配合，方可使固定零件的位置、配合间隙达到精度要求。

**三、凸模和凹模装配后间隙的调整**

　　在装配模具时，凸、凹模之间的配合间隙是否均匀非常重要。配合间隙是否均匀，不仅对制件的质量有直接影响，同时还影响模具的使用寿命。调整凸、凹模配合间隙的方法有如下几种：

### 1. 透光调整法

分别装配模具的上模部分和下模部分，螺钉不要拧紧，定位销暂不装配。将等高垫块放在固定板和凹模之间，并用平行夹头夹紧。用手持电灯或电筒照射，从漏料孔观察光线透过的多少，确定间隙是否均匀并调整合适，然后紧固螺钉并装配定位销。经固定后的模具要用与板料厚度相同的纸片进行试冲，如果样件四周毛刺较小且均匀，则配合间隙调整合适。如果样件某段毛刺较大，则说明间隙不均匀，应重新调整至合适为止。

### 2. 测量法

将凸模插入凹模型孔内，用塞尺检查凸、凹模四周配合间隙是否均匀。根据检查结果，调整凸、凹模相对位置，使两者各部分间隙均匀。测量法适用于配合间隙（单边）在0.02mm以上的模具。

### 3. 垫片法

根据凸、凹模配合间隙的大小，在凸、凹模配合间隙内垫入厚度均匀的纸片或金属片，然后调整凸、凹模的相对位置，以保证配合间隙的均匀，如图2-67所示。

### 4. 涂层法

在凸模上涂一层磁漆或氨基醇酸绝缘漆等涂料，其厚度等于凸、凹模的单边配合间隙，然后将凸模调整至相对位置，插入凹模型孔，以获得均匀的配合间隙。此方法适用于小间隙冲模的调整。

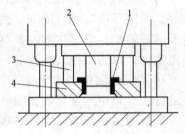

图2-67 用垫片法调整
1—垫片 2—凸模
3—等高垫块 4—凹模

### 5. 镀铜法

镀铜法是在凸模工作端镀一层厚度等于单边配合间隙的铜，使凸、凹模装配后的配合间隙均匀。镀层在模具装配后不必去除，在使用过程中其会自行脱落。

### 四、总装

上、下模的装配顺序应根据模具的结构来决定。对于无导柱的模具，凸、凹模的配合间隙是在模具安装到压力机上时才进行调整，上、下模的装配可以分别进行。装配有模架的模具时，一般是先装配模架，再进行模具工作零件和其他结构零件的装配。上、下模的装配顺序应根据上模和下模上所安装的模具零件在装配和调整过程中所受限制的情况来决定。如果上模部分的模具零件在装配和调整时所受限制最大，应先装上模部分，并以它为基准调整下模上的零件，保证凸、凹模配合间隙均匀。反之，则应先装模的下模部分，并以它为基准调整上模部分的零件。以图2-68所示冲孔模为例，宜先装配下模，再以下模的凹模为基准调整上模上的凸模和其他零件。

### 1. 装配下模部分

在已装配凹模的固定板上安装定位板，然后将装配好凹模、定位板的固定板置于下模座上，找正中心位置，用平行夹头夹紧在下模座上，依靠固定板的螺钉孔对下模座预钻螺纹孔锥窝。拆开固定板，按预钻的锥窝钻螺纹底孔并攻螺纹，再将凹模固定板置于下模座上找正位置，用螺钉紧固，钻、铰定位销孔，装入定位销。

### 2. 装配上模部分

1）将卸料板套装在已装入固定板的凸模上，两者之间垫入适当高度的等高垫铁，用平

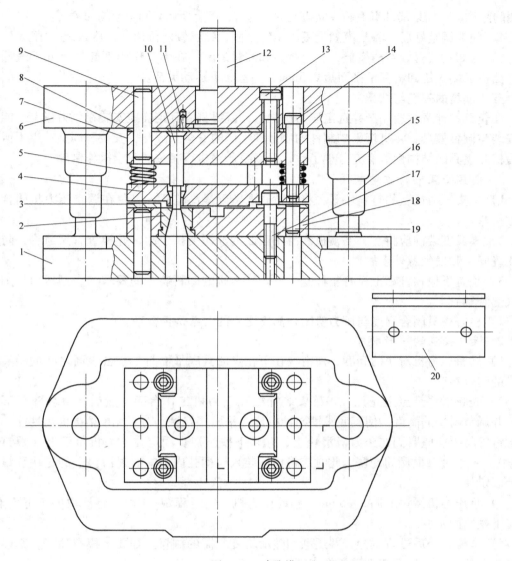

图 2-68 冲孔模

1—下模座 2—凹模 3—定位板 4—弹压卸料板 5—弹簧 6—上模座 7、18—固定板 8—垫板

9、11、19—销钉 10—凸模 12—模柄 13、17—螺钉 14—卸料螺钉 15—导套 16—导柱 20—冲压件

行夹头夹紧。以卸料板上的螺钉孔定位，在凸模固定板上钻出锥窝。拆去卸料板，以锥窝定位钻固定板的螺纹通孔。

2）将固定板上的凸模插入凹模孔中，在凹模和固定板之间垫入等高垫铁，并将垫板置于固定板上，再装上上模座，用平行夹头夹紧上模座和固定板。以固定板上的螺纹孔定位，在上模座上钻锥窝。拆开固定扳，以锥窝定位钻孔后，用螺钉将上模座、垫板、固定板联接并稍加紧固。

3）调整凸、凹模间隙。将已装好的上模部分套装在导柱上，调整位置使凸模插入凹模型孔，采用适当方法（垫片或将凸模镀铜、喷涂树脂层等）调整凸、凹模的配合间隙，使凸、凹模间隙均匀。可以用纸片等材料进行试冲（压），如果纸样轮廓整齐、无毛刺或周边毛刺均匀，说明间隙均匀；如果局部有毛刺或周边毛刺不均匀，需重新调整间隙至均匀为止。

4）间隙调整好后，将凸模固定板用螺钉紧固，钻、铰定位销孔，压入定位销。

5）将卸料板套装在凸模上，装上弹簧和卸料螺钉。在弹簧作用下卸料板处于最低位置时，凸模下端应比卸料板下平面短0.5mm，并上、下运动灵活。

### 五、模具的安装与试模

在模具设计及制造完毕并选定压力机之后，就要将模具正确地安装在压力机上。能否正确安装与调整模具，将直接影响制件的质量和生产的安全。因此，安装和调整冲模不但要对压力机和模具的结构性能有充分地了解，而且要严格执行相关的安全操作制度。

1. 模具安装中的注意事项

1）检查压力机上的打料装置，将其暂时调整到最高位置，以免在调整压力机闭合高度时被折弯。

2）模具安装前应将上、下模板和滑块底面的油污揩拭干净，并检查有无遗物，防止影响正确安装和发生意外事故。

3）检查下模顶杆和上模打料杆是否符合压力机的卸料装置的要求（大型压力机则应检查气垫装置）。

4）检查模具闭合高度与压力机闭合高度之间的关系是否合理。

2. 模具安装的一般顺序

1）调整压力机滑块的高度，使滑块在下止点时其底平面与工作台表面之间的距离大于冲模的闭合高度。

2）先将滑块升至上止点，正确安装冲模在压力机工作台面，然后将滑块降至下止点处，并调节滑块的高度，使其底平面与冲模座上平面相接触。对于无模柄的大型冲模，一般用螺钉等将上模座紧固在压力机滑块上，并将下模座初步固定在压力机台面上（螺钉暂不拧紧）。对于带有模柄的冲模，此时应将模柄装入模柄孔内，并通过滑块上的压块和螺钉将模柄固定住。

3）将压力机滑块上调3~5mm，起动压力机，空行程3~4次，将滑块停于下止点处，并将下模座固定住。

4）试模。最后进行试冲，并逐渐调整滑块到所需的搁置。如要上模有顶杆，则还应将压力机上的卸料螺栓调整到需要的高度。

## 复习思考题

2-1　什么叫做冲压？冲压工序有哪些？

2-2　什么叫做冲压分离工序？什么叫做成型工序？什么叫做冲孔、落料、弯曲、拉深？

2-3　试简述冲裁变形过程及特点。

2-4　普通冲裁件的断面特征是什么？这些断面特征是如何形成的？影响冲裁件质量的因素有哪些？

2-5　曲柄压力机由哪些部分组成？主要技术参数有哪些？

2-6　冲裁模的结构由哪些部分组成？各有何作用？

2-7　如何区分级进模、复合模？它们各有何特点？分别适用于什么零件的冲压加工？

2-8　什么是冲裁模间隙？冲裁模间隙对冲裁件质量及模具使用寿命有哪些影响？

2-9　如何加工上、下模座及导柱、导套？

2-10　电火花成形加工的基本原理是什么？在什么情况下，冲模型孔采用电火花线切割加工？

2-11　凸模和凹模装配到固定板上有哪些固定方式?

2-12　多凸模冲裁模装配时如何保证凸模和凹模的间隙均匀?

2-13　装配（拆装）一副冲裁模，并试模合格。

2-14　冲制如图 2-69 所示的垫圈，材料为 Q235，试计算落料和冲孔的凸、凹模工作部分尺寸。

2-15　冲压件如图 2-70 所示，材料为 65Mn，料厚为 0.5mm，试确定落料凸模、凹模尺寸及制造公差。

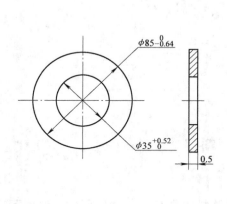

图 2-69　垫圈

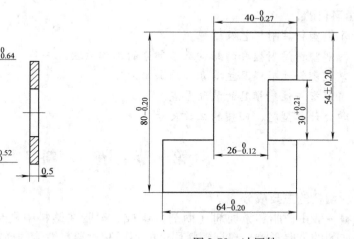

图 2-70　冲压件

# 第三章 塑料注射工艺及模具

【学习目的】

1. 了解塑料注射工艺及过程。
2. 理解塑料注射模具的结构及各部分的工作原理。
3. 掌握塑料注射模具主要零件的加工方法。
4. 了解塑料注射模具的装配要点。
5. 学会计算型芯、凹模的工作尺寸。

# 第一节 塑 料

## 一、塑料的主要成分

塑料一般由树脂和添加剂（助剂）组成，树脂在塑料中是起决定性作用的，但也不能忽视添加剂的重要影响。根据塑料用途的不同和对塑料性能的要求，可适当的选择添加剂加入到一定的树脂中。当然，有些树脂不用加任何添加剂就可成为塑料，如聚四氟乙烯。

1. 树脂

树脂是塑料中主要的、必不可少的成分，它决定了塑料的类型，影响了塑料的基本性能。树脂有天然树脂和合成树脂，天然树脂有松香、沥青、虫胶等，人工树脂有环氧树脂、聚乙烯等。

2. 添加剂

添加剂主要为了改善塑料的性能，并不是每种塑料一定需要添加剂。添加剂种类很多，主要有以下这些：

（1）填充剂 填充剂在塑料中的作用有两种情况：一种是为了减少树脂含量降低塑料成本，起增量的作用；另一种改善塑料性能，起改性的作用。填充剂的形状有粉状、纤维状和层（片）状。粉状填充剂有木粉、滑石粉等；纤维状填充剂有棉花、亚麻等；层状填充剂有纸张、棉布、麻布等。

（2）增塑剂 增塑剂在塑料中的作用是为了增加塑料的塑性、流动性和柔韧性，改善成型性能，降低刚性和脆性。增塑剂通常是高沸点液态或低熔点固态的有机化合物。

（3）着色剂（色料） 着色剂主要起装饰美观作用，同时还能提高塑料的光稳定性、热稳定性和耐候性。着色剂包括颜料和染料，颜料有铬黄、钛白粉、酞青蓝等；染料有示林蓝、分散红等。

（4）润滑剂（脱模剂） 润滑剂的主要作用是防止塑料在成形过程中发生粘模，改善塑料的流动性，提高塑料表面光泽程度，常用的润滑剂有硬脂酸锌（不能用于聚酰胺）、液体石蜡（用于聚酰胺）、硅油（效果好，但价格贵）等。

（5）稳定剂 稳定剂的作用是抑制和防止树脂在加工过程中发生降解。根据稳定剂的作用可分为热稳定剂、光稳定剂、抗氧化剂三种。

添加剂除了上述几种，还有阻燃剂、发泡剂等。

**二、塑料的特性与用途**

(1) 密度 ($\rho$) 小　塑料密度一般是 $0.83 \times 10^3 \sim 2.2 \times 10^3 kg/m^3$，只有钢的 $1/8 \sim 1/4$，铝的 $1/2$。目前，最轻的是聚 4-甲基戊烯-1，密度为 $0.83 \times 10^3 kg/m^3$；最重的是聚四氟乙烯，密度为 $2.2 \times 10^3 kg/m^3$。泡沫塑料的密度更小，其密度小于 $0.01 \times 10^3 kg/m^3$。

塑料密度小，对减轻机械质量具有十分重要的意义，尤其是对车辆、船舶、飞机、宇宙航行器等。例如，目前出现的塑料车身小轿车，车身重只有 186kg。

(2) 比强度和比刚度高　塑料强度不如金属，但因其密度小，所以比强度 ($\sigma_b/\rho$) 相当高，尤其是以各种高强度的纤维状、片状或粉末状的金属或非金属为填料，而制成的具有较高强度的增强塑料，如玻璃纤维增强塑料，其比强度比一般钢材高。塑料的比刚度（又称比弹性模量，用 $E/\rho$ 表示）也较高。比强度和比刚度好，在某些场合（如空间技术领域）具有重要的意义。例如，碳纤维和硼纤维增强塑料可用于制造人造卫星、火箭、导弹上使用的高强度、刚度好的结构零件。

(3) 化学稳定性好　塑料对酸、碱、盐、气体和蒸气具有良好的抗腐蚀能力，特别是号称塑料王的聚四氟乙烯，除了融熔的碱金属外，其他化学药品，包括能溶解黄金的沸腾王水也不能腐蚀它。因此，塑料在化工设备、在腐蚀条件下工作的设备及日用工业中应用广泛。最常用的耐腐蚀塑料是硬质聚氯乙烯，它可加工成管道、容器和化工设备中的零部件。

(4) 电绝缘、绝热、隔声性能好　由于塑料具有优良的电绝缘性和耐电弧性，所以广泛用于电动机、电器和电子工业中做结构零件和绝缘材料，从一般的零件（如旋钮、接线板、插座等）到大型壳体（如电视机外壳等）都可以用塑料来制造，许多塑料已经成为不可缺少的高频材料。塑料还具有良好的绝热保温和隔声吸声性能，所以广泛应用于需要绝热和隔声的各种产品中。

(5) 耐磨和自润滑性好　由于塑料的摩擦因数小，耐磨性高，自润滑性能好，加上比强度高，传动噪声小，因而可以在各种液体（包括油、水和腐蚀介质）、半干和干摩擦条件下有效地工作，可以制造轴承、轴瓦、齿轮、凸轮和滑轮等机床零件，还可粘贴或喷涂机床金属导轨（用尼龙 1010），制造刹车块（用石棉酚醛塑料）等。

(6) 粘接性能好　塑料一般都具有一定的粘接性能，可以与其他非金属或金属材料牢固粘接而制成复合材料或结构零件。例如，环氧树脂不但可以粘接木材、橡胶、玻璃、陶瓷等非金属材料，而且还可以粘接钢、铝、铜等金属材料，在模具制造中可以用于粘接固定凸模和导柱、导套等，因而被称为万能胶。

(7) 成型性能好　由于塑料在一定条件下具有良好的塑性，因而可以用各种高生产率的成型方法制造制品。

(8) 多种防护性能　塑料通常具有防水、防潮、防透气、防震、防辐射等多种防护性能，因而，它成为现代包装行业中不可缺少的新型包装材料。有一些具有特殊防护性能的塑料，在国防及尖端科学技术中起着特殊的防护作用，如芳杂环聚合物，它不但具有突出的耐高温、耐超低温和耐辐射特性，而且具有优良的力学性能、电绝缘性能和化学稳定性，它可以用于制造雷达天线罩、飞机和宇航发动机的零件及防原子辐射的飞行服等。

另外，塑料着色范围广，可以染成各种颜色；光学性能较好，具有良好的光泽，许多不加填料的塑料可以制成透明性良好的制品，如有机玻璃、聚苯乙烯、聚碳酸酯等。

然而，塑料与金属材料相比，也存在一些不足之处，如硬度比金属材料低，耐热和导热性比金属材料差等。一般的塑料工作温度仅 100℃ 左右，热导率是钢的 1/200～1/300，是有色金属的 1/500～1/600，且塑料的吸水性大，易老化，膨胀和收缩性较大等。这些缺点使塑料的应用受到一定的限制。

### 三、塑料的分类

**1. 按塑料中合成树脂的分子结构及热性能分**

1）热塑性塑料。其树脂分子是线型或支链型结构，对其加热软化并熔融，可成型一定形状，冷却后保持已成型的形状。若再次加热，又可以软化并熔融。在整个过程中只有物理变化，因此，在塑料加工过程中产生的边角料及废品可进行回收使用，如 PE、PP、ABS 等。

2）热固性塑料。其树脂分子最终呈体型结构。它在受热之初，分子呈线型结构，塑料既可溶解也可熔融，此时，可成型一定形状，当继续加热，分子呈网型结构，当温度达到一定值时，分子为体型结构，塑料既不溶解也不熔融，形状固定下来。如果再加热，塑料不再软化。在整个加热过程中，塑料既有物理变化，又有化学变化，因此，制品一旦损坏便不可回收再用，如酚醛塑料、氨基塑料等。

**2. 按塑料的性能和用途分**

1）通用塑料。通用塑料是指产量大、用途广、价格低的塑料。酚醛塑料、氨基塑料、聚氯乙烯、聚苯乙烯、聚乙烯、聚丙烯等六大品种塑料都属于通用塑料。

2）工程塑料。工程塑料是指在工程技术中作为结构材料的塑料，这类塑料的力学性能、耐磨性、耐蚀性、尺寸稳定性等均较高。由于它既有一定的金属特性，又有塑料的优良性能，所以在机器制造、轻工、电子、日用、宇航、导弹、原子能等工程技术中广泛应用。目前，使用较多的工程塑料有聚酰胺、聚碳酸酯、聚甲醛、ABS、聚砜、聚苯醚、氯化聚醚（聚氯醚）等。

3）增强塑料。增强塑料是在塑料中加入玻璃纤维等填料作为增强材料，以进一步改善塑料的力学、电气等性能。增强塑料具有优良的力学性能，比强度和比刚度。增强塑料分为热固性增强塑料和热塑性增强塑料，热固性增强塑料又称为玻璃钢。

# 第二节 塑料注射工艺及设备

塑料注射又称注射成型，是热塑性塑料制品生产的重要方法。除少数热塑性塑料外，几乎所有的热塑性塑料都可以用注射成型的方法生产塑料制品。注射成型不仅用于热塑性塑料的成型，而且已经成功地应用于热固性塑料的成型。注射成型能够一次成型形状复杂、尺寸精确、表面质量高的制品，且生产效率高，工艺稳定，便于实现自动化，因此，得到了广泛的应用。

### 一、注射机

**1. 注射机的基本作用**

由上可知，注射机的基本作用主要有三个：①加热熔融塑料，使其达到粘流状态；②对粘流的塑料施加高压，使其射入模具型腔；③实现模具的开、合模及顶件动作。

**2. 注射机的分类**

（1）根据外形分

1）卧式注射机。卧式注射机的注射装置和合模装置的运动轴线呈直线水平排列，如图 3-1 所示，其优点是机身低，安装稳定性好，便于操作维修，制件推出后可以利用自重自动落下，容易实现全自动操作；缺点是占地面积大。

图 3-1　卧式注射机

2）立式注射机。立式注射机的注射装置和合模装置的运动轴线呈直线垂直排列，如图 3-2 所示，其优点是占地面积小，模具拆装方便，安放嵌件方便；缺点是机身较高，设备的稳定性较差，加料及维修不方便，所以，一般用于小型注射机上。

3）角式注射机。角式注射机的注射装置和合模装置的轴线呈垂直排列，如图 3-3 所示。

图 3-2　立式注射机　　　　　　　　　　　图 3-3　角式注射机

其优、缺点介于立、卧式两种注射机之间，其注料口在模具分型面上，因此，适用于成型中心不允许留有浇口痕迹、外形尺寸较大的制品。

（2）根据塑料在料筒中的塑化方式分

1）柱塞式注射机。柱塞式注射机如图3-4所示，其注射模塑工作原理：首先由注射机合模机构带动模具的活动部分（动模）与固定部分（定模）闭合（图3-4b），然后注射机的柱塞将料斗中落入料筒的粒料或粉料推进到加热料筒中，同时，料筒中已经熔融成粘流状态的塑料，由于柱塞的高压高速推动，通过料筒端部喷嘴和模具的浇注系统而射入已经闭合的型腔中。充满型腔的熔体在受压情况下，经冷却固化而成型与型腔一致的形状。最后，柱塞复位，料斗中的料又落入料筒，合模机构带动动模部分打开模具，并由推件板将塑料制品推出模具（图3-4c），即完成一个成型周期。

柱塞式注射机结构简单，但注射成型中存在如下问题：

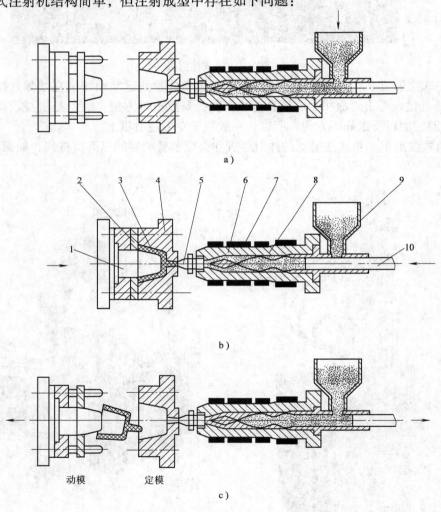

图3-4　柱塞式注射机

1—型芯　2—推件板　3—塑料件　4—凹模　5—喷嘴　6—分流梭

7—加热器　8—料筒　9—料斗　10—柱塞

①　塑化不均匀。所谓塑化是指塑料在料筒内借助加热和机械能使其软化成具有良好可塑性的均匀熔体的过程。

②　注射压力损失大。

③　注射量的提高受到限制。

2）螺杆式注射机。螺杆式注射机如图3-5所示。其工作原理：首先动模与定模闭合，接着液压缸活塞带动螺杆将已经熔融并积存于料筒端部的塑料经喷嘴射入模具型腔中。此时螺杆不转动如图3-5a所示。当熔融塑料充满模具型腔后，螺杆对熔体仍保持一定压力（即保压），以阻止塑料的倒流，并向型腔内补充因制品冷却收缩所需要的塑料如图3-5b所示。经一定时间的保压后，活塞的压力消失，螺杆开始转动。此时，由料斗落入料筒的塑料随着螺杆的转动沿着螺杆向前输送。在塑料向料筒前端输送的过程中，塑料受加热器加热和螺杆剪切摩擦热的影响而逐渐升温直至熔融成粘流状态，并建立起一定压力。当螺杆头部的熔体压力达到能够克服注射液压缸活塞退回的阻力时，在螺杆转动的同时，逐步向后退回，料筒前端的熔体逐渐增多，当螺杆退到预定位置时，即停止转动和后退，此过程称为预塑。

在预塑过程或再稍长一些的时间内，已成型的塑料件在模具内冷却硬化。当塑料件完全冷却硬化后，模具打开，在推出机构作用下，塑料制品被推出模具（图3-5c），即完全一个

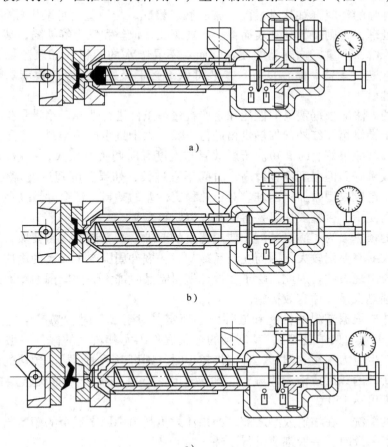

a)

b)

c)

图3-5　螺杆式注射机

工作循环。

与柱塞式注射机相比，螺杆式注射机注射成型可使塑料在料筒内得到良好的混合与塑化，改善了成型工艺，提高了塑料制品质量，同时还扩大了注射成型塑料品种的范围和最大注射量。热敏性塑料和流动性差的塑料及大、中型塑料制品，一般可用移动螺杆式注射机注射成型。

从注射成型的过程可以看出，注射成型生产周期短，生产率高，可采用微机控制，容易实现自动化生产，塑料制品精度容易保证，适用范围广，但设备昂贵，模具较复杂。

**二、注射成型工艺过程**

注射成型工艺过程是注射工艺规程制订的中心环节，它包括成型前的准备、注射过程、制品的后处理。

**1. 注射成型前的准备**

（1）原料的检验和预处理　在成型前应对原料进行外观和工艺性能检验，内容包括色泽、粒度及均匀性、流动性（熔体指数、粘度）、热稳定性、收缩性、水分含量等。有的制品要求不同颜色或透明度，在成型前应先在原料中加入所需的着色剂，若在原料中加入颜色母料则效果更好。

对于吸水性强的塑料（如聚碳酸酯、聚酰胺、聚砜、聚甲基丙烯酸甲酯等），在成型前必须进行干燥处理，否则塑料制品表面将会出现斑纹、银丝和气泡等缺陷，甚至导致高分子在成型时发生降解，严重影响制品的质量。而对不易吸水的塑料（如聚乙烯、聚丙烯、聚甲醛等）只要包装、运输、储存良好，一般可以不必干燥处理。对于聚苯乙烯、ABS往往也进行干燥处理。

干燥处理的方法应根据塑料的性能和生产批量等条件进行选择。小批量生产用塑料，大多用热风循环干燥烘箱和红外线加热烘箱进行干燥；大批量生产用塑料，宜采用负压沸腾干燥或真空干燥，其效果好、时间短。干燥效果与温度和时间关系很大，一般来说，温度高、时间长，干燥效果好。但温度不宜过高，时间不宜过长，如果温度超过玻璃化温度或熔点，会使塑料结块，造成成型时加料困难。对于热稳定性差的塑料，还会导致变色、降解。干燥后的塑料应马上使用，否则要加以妥善储存，以防再受潮。

（2）嵌件的预热　为了满足装配和使用强度的要求，塑料制品内常要嵌入金属嵌件。由于金属和塑料收缩率差别较大，因而在制品冷却时，嵌件周围产生较大的内应力，导致嵌件周围强度下降或出现裂纹。因此，除了在设计塑料制品时加大嵌件周围的壁厚外，成型前对金属嵌件进行预热也是一项有效措施。

嵌件的预热应根据塑料的性能和嵌件大小而定，对于成型时容易产生应力开裂的塑料（如聚碳酸酯、聚砜、聚苯醚等），其制品的金属嵌件，尤其较大的嵌件一般都要预热。对于成型时不易产生应力开裂的塑料，且嵌件较小时，则可以不必预热。预热的温度以不损坏金属嵌件表面所镀的锌层或铬层为限，一般为110~130℃。对于表面无镀层的铝合金或铜嵌件，预热温度可达150℃。

（3）料筒的清洗　在注射成型之前，如果注射机料筒中原来残余的塑料与将要使用的塑料不同或颜色不一致时，一般都要进行清洗。

螺杆式注射机通常采用直接换料清洗。换料清洗时，必须掌握料筒中的塑料和欲换的新塑料的特性，然后采用正确的清洗步骤。例如，新塑料成型温度高于料筒内残余塑料的成型温度时，应将料筒温度升高到新塑料的最低成型温度，然后加入新塑料（也可以是新塑料的回料），连续"对空注射"，直到残余塑料全部清洗完毕，再调整温度进行正常生产。如果新塑料的成型温度比料筒内残余塑料的成型温度低，应将料筒温度升高到残余塑料的最好流动温度后切断电源，用新料在降温下进行清洗。如果新料成型温度高，而料筒中残余塑料又是热敏性塑料（如聚氯乙烯、聚甲醛和聚三氟氯乙烯等），则应选热稳定性好的塑料（如聚苯乙烯、低密度聚乙烯等）作为过渡换料，先换出热敏性塑料，再用新料换出热稳定性好的过渡料。

柱塞式注射机的料筒清洗比螺杆式注射机的困难，清洗时需要拆卸清洗。

（4）脱模剂的选用　注射成型时，塑料制品的脱模主要依赖合理的工艺条件和正确的模具设计，但由于制品本身的复杂性或工艺条件控制不稳定，可能造成脱模困难，所以在实际生产中普遍使用脱模剂。

常用的脱模剂有三种：①硬脂酸锌，除聚酰胺外，一般塑料均可用；②液体石蜡（白油），用于聚酰胺塑料件的脱模，效果较好；③硅油，润滑效果良好，但价格较贵，使用较麻烦，需配制成甲苯溶液，涂抹在模腔表面，还要加热干燥。使用脱模剂时，喷涂应均匀、适量，以免影响塑料制品的外观及性能，尤其在注射成型透明塑料时。

为了克服手工涂抹不均匀的问题，目前研制成了雾化脱模剂，其适应性较强，见表3-1。

表3-1　雾化脱模剂的种类及性能

| 种类 | 脱模效果 | 制件表面处理的适应性 |
| --- | --- | --- |
| 甲基硅油（TG系列） | 优 | 差 |
| 液体石蜡（TB系列） | 良 | 良 |
| 蓖麻油（TBM系列） | 良 | 优 |

**2. 注射过程**

完整的注射过程包括加料、塑化、注射、保压、冷却和脱模等步骤。

1）加料。将塑料加入注射机的料斗中。

2）塑化。塑化直接关系到塑料制品的产量和质量。对塑化的要求是在规定的时间内塑化出足够数量的熔融塑料；塑料熔体在进入塑料模型腔之前应达到规定的成型温度，而且熔体各点温度应均匀一致，避免局部温度过低或温度过高。

3）充模阶段。充模阶段是从注射机的螺杆或柱塞快速推进，将塑料熔体注入型腔，直到型腔被熔体完全充满为止，即在图3-6中，时间从零到 $t_1$ 为止的这一阶段。这一阶段的压力变化情况是，当熔体没有注入型腔时，型腔内压力基本上为零，当塑料熔体充模时，随着熔体量的迅速增加，其压力也迅速上升，到 $t_1$ 时，压力达到最大值 $p_0$。

充模时间对压力和温度有影响。当充模时间短，即高速充模时，由于熔体通过喷嘴、浇注系统进入型腔时产生大量的摩擦热，使熔体温度升高。由于温度较高，所以充模所需的压力较小。当塑料熔体充满型腔，其压力达到最大值（$p_0$）时，塑料熔体仍保持较高的温度。当慢速充模时，充模时间长，先进入型腔的塑料受到较快的降温冷却，粘度增大，后续充模就需要较大压力。在这种情况下，熔体最高温度是在离开喷嘴的瞬间，到了型腔之后，温度就降低了。

慢速充模时，塑料制品内高分子定向程度较大，制品性能各向异性显著。而高速充模时，高分子定向程度小，塑料制品熔接强度较高。但充模速度不宜过高，否则，在嵌件后部，塑料熔接不佳，影响制品强度。

4）压实阶段。压实阶段是指自熔体充满型腔时起至柱塞或螺杆开始退回的一段时间，即图3-6中的 $t_1 \sim t_2$ 部分。在这段时间内，熔体因冷却而收缩，但由于螺杆或柱塞继续缓慢向前移动，使料筒中的熔体继续注入型腔，以补充收缩需要，从而保持型腔中熔体压力不变（保压）。如果螺杆或柱塞在熔体充满型腔时停在原位不动，则熔体压力略有下降，如图3-6中虚线1所示。

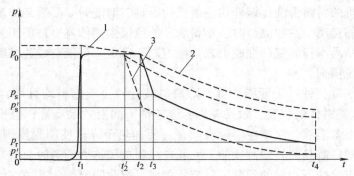

图3-6　成型过程中塑料压力的变化

$p_0$—型腔内最大压力　$p_s$—浇口冻结时的压力　$p_r$—脱模时残余压力　$t$—时间

压实阶段对提高塑料制品密度，减小塑料制品的收缩，克服制品表面缺陷都有重要意义。

5）倒流阶段。倒流阶段是从螺杆或柱塞开始后退（$t_2$）至浇口处熔体冻结时（$t_3$）为止，在这一阶段中，由于螺杆或柱塞后退，型腔内的压力比浇注系统流道内的高，导致塑料熔体从型腔内倒流，从而使型腔内的压力迅速下降。如果螺杆或柱塞后退时浇口已经冻结，或在喷嘴中装有止逆阀，则倒流阶段就不存在，即不存在 $t_2 \sim t_3$ 之间的压力下降曲线，而是图3-6中所示的虚线2。

由上述分析不难知道，有无倒流或倒流的多少取决于压实阶段的时间，如果压实阶段时间短（$t_1 \sim t_2$），则倒流的塑料熔体多，即图3-6中的曲线3；反之，则熔体倒流少。塑料熔体倒流多，浇口冻结时型腔的压力小。而浇口冻结时，型腔内的压力和温度是决定塑料制品平均收缩率的重要因素。由此可见，压实阶段的时间直接影响到塑料制品的收缩率。

6）冻结后的冷却阶段。这一阶段为从浇口处的塑料完全冻结到塑料制品脱模取出为止（$t_3 \sim t_4$）。在这一阶段中，补缩或倒流均不再继续进行。型腔内的塑料继续冷却、硬化、定型。脱模时，塑料制品具有足够的刚度，不致产生翘曲或变形。在冷却阶段中，随着温度的迅速下降，型腔内的塑料体积收缩，压力下降。开模时，型腔内的压力不一定等于外界大气压力。型腔内压力与外界压力之差称为残余压力（即 $p_r$）。当残余压力为正值时，脱模比较困难，塑料制品容易被刮伤甚至破裂；残余压力为负值时，制品表面易出现凹陷或内部产生真空泡，而当残余压力接近于零时，塑料制品脱模方便，质量较好。

必须注意，塑料自注入型腔，冷却凝固，直至塑料制品脱模为止，如果冷却速度过快或模具温度不均匀，制品各部位会收缩不均匀，结果使制品内部产生内应力。因而冷却速度必须适当。

7）开模、脱模。

3. 塑料制品的后处理

由于塑化不均匀或由于塑料在型腔中的结晶、定向或冷却不均匀，造成制品各部分收缩不一致，或因为金属嵌件的影响和制品的二次加工不当等原因，塑料制品内部不可避免地存在一些内应力。内应力的存在往往导致制品在使用过程中产生变形或开裂，因此，应该设法消除。根据塑料的特性和使用要求，塑料制品可进行退火处理和调湿处理。

退火处理的方法是把制品放在一定温度的烘箱中或液体介质（如热水、热矿物油、甘油、乙二醇或液体石蜡等）中一段时间，然后缓慢冷却。退火的温度一般控制在高于塑料制品的使用温度 10～20℃ 或低于塑料热变形温度 10～20℃。温度不宜过高，否则制品会产生翘曲变形；温度也不宜过低，否则达不到后处理的目的。退火的时间取决于塑料品种、加热介质的温度、制品的形状和壁厚、塑料制品精度要求等因素。

退火处理消除了塑料制品的内应力，稳定了尺寸。对于结晶型塑料还能提高结晶度，稳定结晶结构，从而提高其弹性模量和硬度，但却降低了断后伸长率。

调湿处理主要是用于聚酰胺类塑料的制品。因为聚酰胺类塑料制品脱模时，在高温下接触空气容易氧化变色。另外，这类塑料制品在空气中使用或存放又容易吸水而膨胀，需要经过很长时间尺寸才能稳定下来，所以，将刚脱模的这类塑料制品放在热水中处理，不仅隔绝空气，防止氧化，消除内应力，而且还可以加速达到吸湿平衡，稳定其尺寸，故称为调湿处理。经过调湿处理，还可改善塑料制品的韧度，使冲击韧度和抗拉强度有所提高。调湿处理的温度一般为 100～120℃，热变形温度高的塑料品种取上限；相反，取下限。调湿处理的时间取决于塑料的品种、制品形状与壁厚和结晶度大小。达到调湿处理时间后，应缓慢冷却至室温。

当然，并非所有塑料制品都一定要经过后处理，如聚甲醛和氯化聚醚塑料的制品，虽然存在内应力，但由于高分子本身柔性较大和玻璃化温度较低，内应力能够自行缓慢消除，如果制品要求不严格时，可以不必后处理。

# 第三节　注　射　模　具

## 一、典型注射模具的结构

注射模具由动模和定模两部分组成，动模安装在注射机的移动模板上，定模安装在注射机的固定模板上。注射成型时，动模与定模闭合构成浇注系统和型腔。开模时，动模与定模分离以便取出塑料制品。

典型的单分型面注射模如图 3-7 所示，其结构由以下几个基本组成部分。

1）成型部件。成型部件由型芯和凹模组成。型芯成型制品的内表面，凹模成型制品的外表面。合模后型芯和凹模所形成的空间便构成了模具的型腔。

2）浇注系统。浇注系统又称流道系统，它是将塑料熔体由注射机喷嘴引向型腔的通道，通常由主流道、分流道、浇口和冷料穴（井）组成。浇注系统的设计与制造十分重要，它直接关系到塑料制品成型质量和生产效率。

3）导向部件。为了确保动模与定模在合模时能准确对中、平稳移动，在模具中必须设置导向部件。在注射模中通常采用四组导柱与导套来组成导向部件，有时还需在动模和定模上分别设置相互配合的内、外锥面来辅助定位，并克服注射成型时的较大侧向压力。为了避免在制品推出过程中推板发生歪斜现象，可在模具的推出机构中设置导柱和导套。

4）推出机构。开模时，需要推出机构将流道内的凝料拉出；脱模时需用推出机构将塑料制品从型腔或型芯中推出。推出机构通常由推杆、推杆固定板、推板和拉料杆组成，如图3-7所示。合模时推出机构要回复到初始位置，因此，在推杆固定板中一般还要固定复位杆或在推出机构中安装复位弹簧，复位杆（弹簧）在动、定模合模时使推出机构复位。

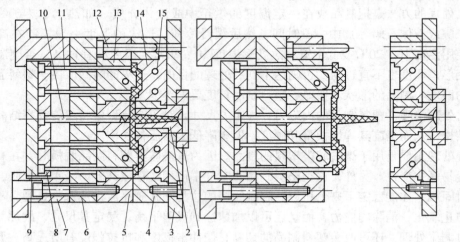

图3-7 典型的单分型面注射模具

1—定位圈 2—主流道衬套 3—定模座板 4—定模板 5—动模板 6—垫板

7—支架（模脚） 8—推杆固定板 9—推板 10—拉料杆 11—推杆

12—导柱 13—型芯 14—凹模 15—冷却通道

5）调温系统。为了满足注射工艺对模具温度的要求，需要有调温系统对模具的温度进行调节。对于热塑性塑料用的注射模，主要是设计制造冷却系统使模具冷却。模具的加热可以利用冷却通道通热水或蒸气，也可在模具内部和周围安装电发热原件。

6）排气系统。排气系统用以将成型过程中型腔中的气体充分排出，常用的办法是利用分型面和模具型腔零件的配合间隙进行排气，必要时也可在分型面开设排气槽或在型腔钻孔后安装烧结金属堵销进行排气。

7）侧向抽芯机构。有些带有侧向凹槽或侧孔的塑料制品，在脱模之前必须先进行侧向分型，抽出侧向型芯后才能顺利脱模，这时，需要在模具中设置侧向抽芯机构。

8）支承零部件。支承零部件主要用来安装、固定或支承成型零件及各部分机构的零部件。

**二、注射模具的类型**

**1. 单分型面注射模具**

单分型面注射模又称两板式注射摸，它是注射模具中最简单而又最常用的一类，其型腔的一部分（型芯）在动模板上，另一部分（凹模）在定模板上，如图3-8所示。主流道在定模一侧，分流道在分型面上。开模后，由于动模上拉料杆的拉料作用及制品因收缩而包紧在型芯上，制品连同流道内的凝料一起留在动模一侧。脱模时，制品和流道凝料同时被推出模外。

**2. 双分型面注射模具**

双分型面注射模具以两个不同的分型面 $A—A$、$B—B$ 分别取出流道凝料和塑料制品。双分型面注射模具在动模板和定模座板之间增加了一块可以移动的中间板，故又称三板式模具。在定模座板与中间板之间设置流道，在中间板与动模之间设置型腔，中间板适用于采用点浇口进料的单型腔或多型腔模具。典型的双分型面注射模如图3-9所示，开模时由于定距拉板的限制，中间板与定模板作定距分离，以便取出两板之间的流道凝料。在中间板与动模板分开后，利用脱模机构的推件板5将包紧在型芯上的制品脱出。

双分型面注射模能在制品的中心部位设置点浇口，但模具结构复杂，需要较大的开模行程，故较少用于大型塑料制品的注射成型。

3. 带有活动镶件的注射模具

由于塑料制品的复杂结构，无法通过简单的分型从模具内取出制品，这时可将影响脱模的模具部分设计成活动镶块，如图3-10所示。开模时这些活动部件不能简单地沿开模方向与制品分离，而是在脱模时连同制品一起移出模外，然后将它们与制品分离。活动镶块装入模具时还应可靠定位，因此，这类模具生产效率不高，常用于小批量的试生产。

4. 带侧向分型抽芯机构的注射模具

带侧向分型抽芯机构的注射模具如图3-11所示，开模时，斜导柱利用开模力带动侧型芯横向移动，使侧型芯与制品分离，然后推杆就能顺利地将制品从型芯上推出。除斜导柱、斜滑块等机构利用开模力作侧向抽芯外，当侧向抽芯力较小时可采用弹簧、滑块侧向抽芯；当抽芯距较大时也可利用在模具中装设液压缸或气压缸带动侧向型芯作侧向分型抽芯。

5. 自动卸螺纹的注射模具

当要求能自动脱卸带有内螺纹或外螺纹的塑料制品时，可在模具中设置转动的螺纹型芯或型环，这样便可利用机构的旋转运动和往复运动将螺纹制品脱出；或者用专门的传动机构带动螺纹型芯或型环转动，将螺纹制品脱出。自动卸螺纹的注射模具如图3-12所示，它用于直角式注射机，

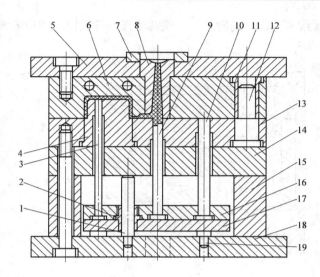

图3-8　单分型面注射模

1—推板导柱　2—推板导套　3—推杆　4—型芯　5—定模座板　6—凹模（型腔板）　7—定位圈　8—主流道衬套　9—拉料杆　10—复位杆　11—导套　12—导柱　13—动模板　14—支承板　15—垫块　16—推杆固定板　17—推板　18—动模座板　19—支承柱

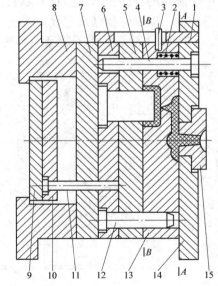

图3-9　双分型面注射模

1—定距拉板　2—弹簧　3—限位钉　4、12—导柱　5—推件板　6—动模板　7—支承板　8—支架　9—推板　10—推杆固定板　11—推杆　13—定模板　14—定模座板　15—主流道衬套

螺纹型芯由注射机开、合模时丝杠齿轮机构（图中未画出）带动旋转，以便与制品脱离。

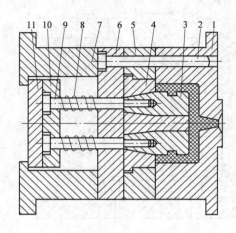

图 3-10　带有活动镶块的注射模
1—定模板　2—导柱　3—活动镶块　4—型芯座
5—动模板　6—支承板　7—支架　8—弹簧
9—推杆　10—推杆固定板　11—推板

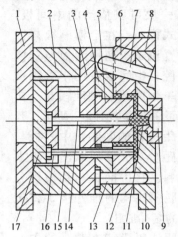

图 3-11　侧向分型抽芯的注射模具
1—动模座板　2—垫块　3—支承板　4—型芯固定板
5—型芯　6—侧型芯滑块　7—斜导柱　8—楔紧块
9—定位圈　10—定模座板　11—主流道衬套
12—动模板　13—导柱　14—拉料杆　15—
推杆　16—推杆固定板　17—推板

**6. 推出机构设在定模的注射模具**

由于制品的特殊要求或形状的限制，脱模时，制品留在定模内，这时就应在定模一侧设置推出机构，以便将制品从定模内脱出。定模一侧的推出机构一般由动模通过拉板或链条来驱动，如图 3-13 所示，由于制品的特殊形状，为了便于成形采用了直接浇口，开模后制品

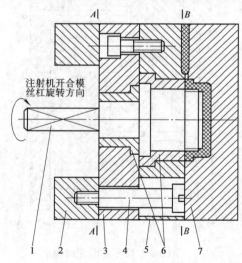

图 3-12　自动卸螺纹的注射模具
1—螺纹型芯　2—支架　3—支承板　4—定距螺钉
5—动模板　6—衬套　7—定模板

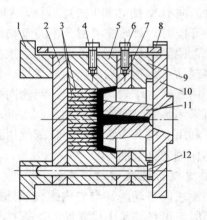

图 3-13　定模一侧设推出机构的注射模
1—支架　2—支承板　3—成型镶件　4、6—螺钉
5—动模板　7—推件板　8—拉板　9—定模板
10—定模座板　11—型芯　12—导柱

滞留在定模上，故在定模一侧设有推件板，开模时由设在动模一侧的拉板带动推件板，将制品从定模中的型芯上强制脱出。

7. 无流道凝料注射模具

无流道凝料注射模具包括绝热流道和加热流道模具，它们通过对流道进行绝热或加热的办法来保持从注射机喷嘴到浇口之间的塑料为熔融状态。这样，每次注射成形后流道内均没有凝料，不仅提高了生产率，还节约了塑料，同时保证了注射压力在流道中的传递，有利于改善制品的质量。无流道凝料注射模具容易实现全自动操作。但这类模具的结构复杂，制造成本高，浇注系统和温控系统要求高，对制品的形状和塑料有一定的限制。

# 第四节　注射模具的浇注系统

注射模的浇注系统是指熔体从注射机的喷嘴开始到型腔为止的流动通道。其作用是将熔体平稳地引入型腔，使之按要求填充型腔，并使型腔内的气体顺利地排出，在熔体填充型腔和凝固的过程中，能充分地把压力传到型腔各部位，以获得组织致密，外形清晰、尺寸稳定的塑料制品。可见，浇注系统的设计十分重要。浇注系统的设计正确与否是注射成型能否顺利进行，能否得到高质量塑料制品的关键。

一、浇注系统的组成

根据注射模结构的不同，浇注系统的组成也有所不同，但通常由主流道、分流道、浇口及冷料穴四个部分所组成，如图 3-14 所示。

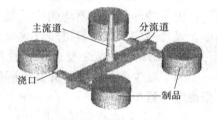

图 3-14　浇注系统的组成

（1）主流道　主流道是指从注射机的喷嘴与模具接触的部位起到分流道为止的一段流道，它与注射机喷嘴在同一轴线上，熔体在主流道中不改变流动方向。主流道是熔融塑料最先经过的流道，所以它的大小直接影响熔体的流动速度和充模时间。

（2）分流道　分流道是介于主流道和浇口之间的一段流道。它是熔体由主流道流入型腔的过渡段通道，也是使浇注系统的截面变化和熔体流动转向的过渡通道。

（3）浇口　浇口是分流道与型腔之间最狭窄短小的一段。浇口既能使由分流道流进的熔体产生加速，形成理想的流动状态而充满型腔，又便于注射成型后的制品与浇口分离。

（4）冷料穴　注射成型操作是周期性的，在注射间歇时间内，喷嘴口部有冷料产生，为了防止在下一次注射成型时，将冷料带进型腔而影响制品质量，一般在主流道或分流道的末端设置冷料穴，以储藏冷料并使熔体顺利地充满型腔。

二、浇注系统设计的基本原则

设计注射模的过程中，浇注系统的设计是一个重要环节，设计的合理性将直接影响成型过程和制品质量。

1. 适应塑料的工艺性

深入了解塑料的工艺性，分析浇注系统对塑料熔体流动的影响，以及在充模、保压补缩和倒流各阶段中，型腔内塑料的温度、压力变化情况，以便设计出适合塑料工艺特性的理想的浇注系统，保证塑料制品的质量。

**2. 排气良好**

排气的顺利与否直接影响成型过程和制品质量。不能顺利排气会使注射成型过程充型不满或产生明显的熔接痕等缺陷。因此，浇注系统应能顺利地引导熔体充满型腔，并在填充过程中不产生紊流或涡流，使型腔内的气体能顺利地排出。

**3. 流程要短**

在保证成型质量和满足良好排气的前提下，尽量缩短熔体的流程和减少拐弯，以减少熔体压力和热量损失，保证必须的充填型腔的压力和速度，缩短填充及冷却时间，缩短成型周期，从而提高效率，减少塑料用量；提高熔接痕强度，或使熔接痕不明显。对于大型塑料制品可采用多浇口进料，从而缩短流程。

**4. 避免料流直冲型芯或嵌件**

高速熔体进入型腔时，要尽量避免料流直冲小型芯或嵌件，以防型芯和嵌件变形和位移。

**5. 修整方便，保证制品外观质量**

设计浇注系统时要结合制品大小、结构形状、壁厚及技术要求，综合考虑浇注系统的结构形式、浇口数量和位置。做到去除、修整浇口方便，无损制品的美观和使用。如电视机、录音机等的外壳，浇口绝不能开设在对外观有严重影响的外表面上。

**6. 防止塑料制品变形**

由于冷却收缩的不均匀性或需要采用多浇口进料时，浇口收缩等原因可能引起制品变形，设计时应采取必要措施以减少或消除制品变形。

**7. 浇注系统在分型面上的投影面积应尽量小，容积也应尽量少**

为了减少塑料耗量，并减小所需锁模力，浇注系统在分型面上的投影面积应尽量小，容积也应尽量少。

**8. 浇注系统的位置**

浇注系统的位置应尽量与模具的轴线对称，浇注系统与型腔的布置应尽量减小模具的尺寸。

### 三、浇注系统的组成与加工

**1. 主流道与主流道衬套**

主流道一般位于模具中心线上，它与注射机喷嘴的轴线重合，以利于浇注系统的对称布置。主流道一般设计得比较粗大，以利于熔体顺利地向分流道流动，但不能太大，否则会造成塑料消耗增多；主流道也不宜过小，否则熔体流动阻力增大，压力损失大，对充模不利。因此，主流道尺寸必须恰当。通常，粘度大的塑料或尺寸较大的制品，主流道截面尺寸应设计得大一些，直浇注系统主流道结构及尺寸参数如图 3-15 所示，其设计要点如下：

1）为便于将凝料从主流道中拉出，主

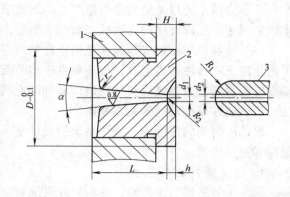

图 3-15　主流道的形状

1—定模座板　2—主流道衬套　3—注射机

流道通常设计成圆锥形，其锥角 $\alpha = 2° \sim 6°$，内壁表面粗糙度值 $R_a$ 一般为 $0.8\mu m$。

2）为防止主流道与喷嘴处溢料及便于将主流喷嘴道凝料拉出，主流道与喷嘴应紧密对接，主流道进口处应制成球面凹坑，其球面半径 $R_2 = R_1 + (1 \sim 2)$ mm，凹入深度 $3 \sim 5mm$，小端直径 $d_1$ 一般取 $3 \sim 6mm$，且大于注射机喷嘴直径 $d_2$ 约 $0.5 \sim 1mm$，即 $d_1 = d_2 + (0.5 \sim 1)$ mm。

3）为减小物料的流动阻力，主流道末端与分流道连接处呈圆角过渡，其圆角半径 $r = 1 \sim 3mm$。

4）主流道长度 $L$ 应尽量短，否则将增加主流道凝料，增大压力损失，一般主流道长度由模具结构和模板厚度所确定，通常不大于60mm。

5）因主流道与塑料熔体反复接触，进口处与喷嘴反复碰撞，所以，常将主流道设计成可拆卸的主流道衬套，尤其当主流道需要穿过几块模板时更应设置主流道衬套，否则在模板接触面可能溢料，致使主流道凝料难以取出。主流道衬套用较好的钢材制造并进行热处理，一般选用 T8、T10 制造，热处理硬度为 $52 \sim 56HRC$。主流道衬套的尺寸如图3-16 所示，主流道衬套与模板之间的配合可采用 H7/k6。小型模具可将主流道衬套与定位圈设计成一体，如图3-17a 所示。多数情况下，将主流道衬套和定位圈设计成两个零件，然后配合固定在模板上，如图3-17b、c 所示。定位圈和注射机模板上的定位孔呈较松动的间隙配合，定位圈高度应略小于定位孔深度，一般中小型模具 $H = 5 \sim 10mm$，大型模具取 $H = 15mm$。

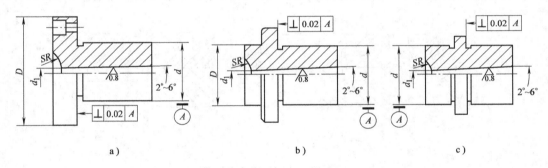

图3-16　主流道衬套的尺寸

6）主流道衬套受到塑料熔体的推力，衬套与模板间的连接要可靠。

**2. 分流道的结构与布置**

小型塑料制品的单型腔注射模一般不设置分流道，只是在制品尺寸大，需要采用多浇口进料的注射模或多型腔模需设分流道。分流道截面形状应使其比表面积（流道表面积与其体积之比）小，以使熔体流动阻力小，熔体降温少，并且能较快地充满整个型腔，均衡地分配到各个型腔。

（1）分流道截面形状和尺寸　常见的分流道的横截面形状如图3-18 所示。究竟采用哪一种横截面的分流道，既要考虑各种塑料注射成型的需要，又要考虑制造难易程度。根据流体力学和传热学原理可知，正方形的比表面积较大，其流动阻力大，传热最快，热量损失最大，因此，对热塑性塑料注射模而言，不宜采用正方形的分流道。而圆形横截面流动阻力最小，热量损失最小，熔体降温也最慢，因而，对热塑性塑料注射模而言，分流道截面形状宜

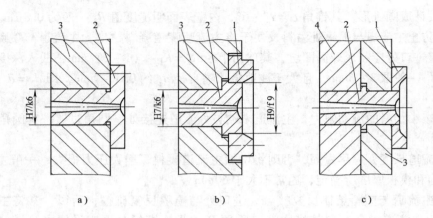

图 3-17　主流道衬套与定位圈
1—定位圈　2—主流道衬套　3—定模座板　4—定模板

采用圆形。但从加工来说，它需要同时在动模和定模上开设半圆截面，要使两者完全吻合，制造较困难。梯形截面（图 3-18b）、U 形截面（图 3-18c）分流道，加工容易，且热量散失和流动阻力也不大。半圆形截面（图 3-18d）和矩形截面的分流道（图 3-18e）比表面积较大，较少采用。总之，从传热面积考虑，热塑性塑料宜用圆形截面分流道。从压力损失考虑，圆形截面分流道最好。从加工方便考虑，宜采用梯形、矩形截面分流道。

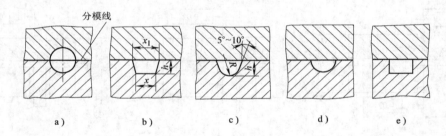

图 3-18　分流道横截面形状
a）圆形截面　b）梯形截面　c）U 形截面　d）半圆形截面　e）矩形截面

　　分流道截面尺寸应按塑料制品的体积、制品形状和壁厚、塑料品种、注射速率、分流道长度等因素确定。若截面过小，在相同注射压力下，充模时间延长，制品易出现缺料或波纹缺陷；截面过大，会积存较多空气，制品容易产生气泡，而且流道凝料增多，冷却时间增长。其尺寸可参考表 3-2 确定。分流道常采用铣削加工。

　　（2）分流道的布置　　在多型腔注射模具中，要求由各型腔成型的制品表面质量和内部性能差异不大，这就必须保证各型腔在成型制品时工艺条件相同。为此，分流道的布置形式应能使从主流道来的熔体均衡到达各浇口并同时充满各型腔。分流道的布置取决于型腔的布局。型腔与分流道的排列有平衡式和非平衡式两种。

　　1）平衡式布局如图 3-19 所示，是指分流道的长度、截面形状和尺寸都相同，各个型腔同时均衡地进料，同时充满型腔。显然对成型同一种制品的多型腔模，分流道以平衡式为佳。

表 3-2　常用分流道横截面及其尺寸　　　　　　　　　　（单位：mm）

| | $d$ | 5 | 6 | (7) | 8 | (9) | 10 | 11 | 12 |
|---|---|---|---|---|---|---|---|---|---|
| | $R$ | 2.5 | 3 | (3.5) | 4 | (4.5) | 5 | 5.5 | 6 |
| | $h$ | 6 | 7 | (8.5) | 10 | (11) | 12.5 | 13.5 | 15 |
| | $x_1$ | 5 | 6 | (7) | 8 | (9) | 10 | 11 | 12 |
| | $R$ | 1~5 | 1~5 | (1~5) | 1~5 | (1~5) | 1~5 | 1~5 | 1~5 |
| | $h$ | 3.5 | 4 | (4.5) | 5 | (6) | 6.5 | 7 | 8 |

注：表中带括号的尺寸尽量少用。

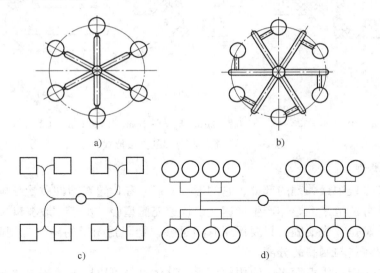

图 3-19　平衡式布置的分流道

2）当型腔数较多时，在有限的模具尺寸内，不易做到各分流道平衡布置和流程一致，通常采用非平衡式布置，如图 3-20 所示。非平衡式布置是指分流道截面形状、尺寸及分流道长度不同，其成型过程中充满型腔有先后，所以难以实现均衡进料。当然，可以通过调节各浇口的截面尺寸来实现均衡进料，但这种方法比较麻烦，需要多次试模和修整才能实现，故不是适用于模塑精度较高的制品。非平衡式布局的分流道的优点是能使型腔排列更紧凑，能缩短分流道的长度，减小模板尺寸。

（3）分流道与浇口的连接形式　分流道和浇口的连接部分如图 3-21 所示。其中，图 3-21a、b 中在分流道与浇口的连接处采用斜面和圆弧过渡，有利于熔体的流动及填充，不然

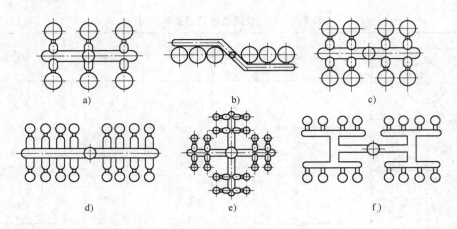

图 3-20　非平衡式布置的分流道

会使料流产生紊流和涡流，使充模条件恶化。图 3-21c 为分流道与浇口在宽度方向的连接情况。

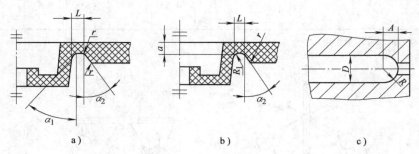

$\alpha_1 = 45°$　$\alpha_2 = 30° \sim 45°$　$r = 0.5 \sim 2mm$　$R_1 = 1 \sim 2mm$　$R = D/2$　$L = 0.2 \sim 7mm$

图 3-21　分流道与浇口的连接形式

### 3. 浇口的类型

浇口是浇注系统中最关键的部分，它的形状、尺寸和位置对塑件质量影响很大。浇口的基本作用是使从分流道来的熔体产生加速，以快速充满型腔。由于一般浇口尺寸比型腔部分小得多，所以，总是首先凝固，只要保压时间足够，凝固封闭后的浇口就能防止熔料倒流，而且也便于浇口凝料与制品的分离。

一般来说，小浇口优点较多，应用较广泛。其优点是可以增加熔体通过的流速，充模容易，这对于塑料熔体粘度对剪切速率较敏感的塑料，如聚乙烯、聚苯乙烯、ABS 等尤其有利；小浇口对熔体有较大的摩擦阻力，使熔体温度明显上升，粘度降低，流动性增加，有利于薄壁复杂制品的成型；小浇口可以控制并缩短保压补缩时间，以减少制品内应力，防止变形和破裂，这是由于浇口尺寸大，延长浇口冷凝时间，型腔内有很大的补缩压力，使制品内应力增大，尤其浇口附近，而小浇口能正确控制补缩时间，适时封闭浇口，从而提高制品质量，对于多型腔模具，小浇口可以做到各型腔同时充模，使制品性能一致，小浇口便于流道凝料与制品的分离，便于自动切断浇口，便于修整制品，痕迹小，小浇口缩短了成型周期，提高生产效率。小浇口的缺点是熔体流动阻力大，压力损失大，会延长充模时间，因而，高粘度塑料的成型，收缩率大、要求补缩作用强的塑料及热敏性塑料的成型，其浇口尺寸不宜过小。浇口截面尺寸过小，压力损失大，冷凝快，补缩困难，会造成制品缺料，缩孔等疵病，甚至还会产生熔体破裂形成喷射现象，制品表面出现凹凸不平。尤其是热敏性塑料如聚氯乙烯，浇口尺寸过小时，在浇口处塑料会过热，从而导致塑料变质。在这种情况下，浇口截面应适当增大，但浇口过大，注射速度降低，熔体温度下降，制品可能产生明显的熔接痕和表面云层现象，因此，浇口尺寸必须适当。

注射模的浇口结构形式较多。按浇口特征可分为非限制浇口（又称直接浇口或主流道型浇口）和限制浇口；按浇口所在制品中的位置可分为中心浇口和侧浇口；按浇口形状可分为扇形浇口、环形浇口、盘形浇口、轮辐式浇口、薄片式浇口、点浇口等等。

（1）直接浇口　直接浇口如图 3-22 所示。其特点是熔体通过主流道直接进入型腔，流程短、进料快、流动阻力小、传递压力好、保压补缩作用强，有利于排气和消除熔接痕。同时，浇注系统耗料少，模具结构简单而紧凑，制造方便，因此应用广泛。但去除浇口不便，制品上有明显的浇口痕迹，浇口部位热量集中，型腔封口迟，内应力大，易产生气孔和缩孔等缺陷。

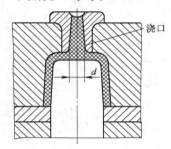

图 3-22　直接浇口

采用直接浇口的模具为单型腔模具，适用于成型深腔的壳体形或箱形制品，不适用于成型平薄或容易变形的制品。直接浇口适合于各种塑料的注射成型，尤其对热敏性塑料及流动性差的塑料成型有利，但对结晶型塑料或容易产生内应力和变形的塑料成型不利。成型薄壁制品时，浇口大端直径 $d$ 不得超过制品壁厚的两倍。

（2）中心浇口　中心浇口如图 3-23 所示，它是直接浇口的变异形式，熔体直接从中心流向型腔。它具有与直接浇口相同的优点，但去除浇口较方便。当制品内部有通孔时，可利用该孔设分流锥，将浇口设置于制品的顶端。这类浇口一般用于单型腔注射模，适用于圆筒形，圆环形或中心带孔的制品成型。

（3）侧浇口　侧浇口如图 3-24 所示，一般情况下，侧浇口均开设在模具的分型面上，从制品侧面边缘进料。它能方便地调整浇口尺寸控制剪切速率和浇口封闭时间，是被广泛采用的一种浇口形式，其尺寸见表 3-3。

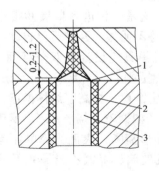

图 3-23　中心浇口
1—浇口　2—制品　3—型芯

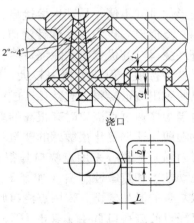

图 3-24　侧浇口

表3-3　侧浇口尺寸 　　　　　　　　　　　　　　　　（单位：mm）

| 塑料 | 壁厚 $t$ | 制品复杂性 | 厚度 $a$ | 宽度 $b$ | 长度 $L$ |
|---|---|---|---|---|---|
| 聚乙烯 | <1.5 | 简单 | 0.5～0.7 | 中小型制品<br>（3～10）$a$ | 0.7～2 |
| 聚乙烯 | <1.5 | 复杂 | 0.5～0.6 | | |
| 聚丙烯 | 1.5～3 | 简单 | 0.6～0.9 | | |
| 聚丙烯 | 1.5～3 | 复杂 | 0.6～0.8 | | |
| 聚苯乙烯 | >3 | 简单 | 0.8～1.1 | | |
| 聚苯乙烯 | >3 | 复杂 | 0.8～1.0 | | |
| 有机玻璃 | <1.5 | 简单 | 0.6～0.8 | 大型制品<br>>10$a$ | |
| 有机玻璃 | <1.5 | 复杂 | 0.5～0.8 | | |
| ABS | 1.5～3 | 简单 | 1.2～1.4 | | |
| ABS | 1.5～3 | 复杂 | 0.8～1.2 | | |
| 聚甲醛 | >3 | 简单 | 1.2～1.5 | | |
| 聚甲醛 | >3 | 复杂 | 1.0～1.4 | | |
| 聚碳酸酯 | <1.5 | 简单 | 0.8～1.2 | 中小型制品<br>（3～10）$a$ | 0.7～2 |
| 聚碳酸酯 | <1.5 | 复杂 | 0.6～1.0 | | |
| 聚苯醚 | 1.5～3 | 简单 | 1.3～1.6 | | |
| 聚苯醚 | 1.5～3 | 复杂 | 1.2～1.5 | | |
| 聚砜 | >3 | 简单 | 1.0～1.6 | 大型制品<br>>10$a$ | |
| 聚砜 | >3 | 复杂 | 1.4～1.6 | | |

　　浇口可以根据制品的形状特点和充模需要，灵活地选择浇口的位置。如框形或环形制品，浇口可以设在制品外侧（多型腔模）。而当其内孔有足够位置时，可将浇口位置设在制品内侧（单型腔模），这样可使模具结构紧凑，流程缩短，改善成型条件。侧浇口适用于一模多件，能大大提高生产效率，去除浇口方便，但压力损失大，保压补缩作用比直接浇口小，壳形件排气不便，易产生熔接痕、缩孔及气孔等缺陷。

　　（4）点浇口　点浇口又称针浇口，如图3-25所示。这是一种进料口尺寸很小的特殊形式的直接浇口。其优点是去除浇口后，制品上留下的痕迹不明显，开模后可自动拉断，成型时可减少熔接痕，但压力损失较大，制品收缩大，而且模具应设计成双分型面（三板式）模，以便脱出流道凝料。它常用于成型各种壳类、盒类制品。

　　由于熔体通过点浇口时有很高的剪切速度，同时产生摩擦，提高了熔体温度。因此，对于粘度随剪切速率变化很敏感的塑料和粘度较低的塑料（如聚苯乙烯、ABS、聚甲醛、聚乙烯、聚丙烯）来说，采用点浇口是很理想的，能获得外形清晰，表面光泽的制品。而对于某些流动性差和热敏性塑料（如聚碳酸酯、聚砜、有机玻璃、聚氯乙烯等）及平薄易变形和形状复杂的制品成型，采用点浇口则是不利的。

　　点浇口的进料口直径常取 $\phi$（0.5～1.8）mm，视塑料性质和制品质量而定。浇口长度常取0.8～1.2mm。其主流道尺寸和侧浇口的主流道尺寸一样。点浇口的尺寸如图3-26所

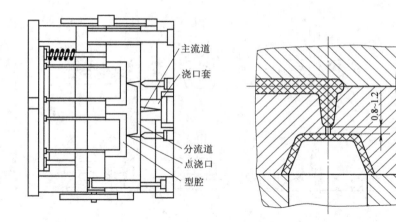

图 3-25　点浇口的典型结构

示，其中图 3-26a 为常用结构，图 3-26b 中与点浇口相接的流道下部具有圆弧 R（一般取 R = 1.5～3mm），使其截面积增大，减缓塑料冷却速度，有利于补料，效果较好，但制造困难。为了减小流动阻力，浇口与制品相接处采用圆弧或倒角过渡（图 3-26c、d）。

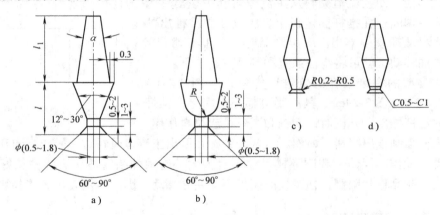

图 3-26　点浇口的尺寸

### 4. 冷料穴的设计

冷料穴用来储藏注射间歇期间喷嘴所产生的冷凝料头和最先射入模具浇注系统的温度较低的部分熔体，防止这些冷料进入型腔而影响制品质量，并使熔体顺利充满型腔。

图 3-27a、b 中 A 处为直角式注射机用注射模的冷料穴，通常为主流道的延长部分。图 3-27c、d、e 中 A 处为卧式或立式注射机注射模的冷料穴，一般都设在主流道正面的动模板上，其直径稍大于主流道的大端直径。当分流道较长时，可在料流方向的末端延长一小段作为冷料穴，如图 3-27f 中的 A 处，该冷料穴长度一般为分流道直径的 1.5～2 倍，如图 3-28 所示。若太短，则部分冷料将流入型腔，使制品产生缺陷。

应该指出，并非所有的注射模都需要开设冷料穴，有时由于塑料的工艺性能好和注射工艺条件控制得好，因而很少产生冷料，或制品要求不高，可以不必设置冷料穴。

为了使主流道凝料能顺利地从主流道衬套中脱出，往往要设置拉料杆，有许多拉料杆与冷料穴是有联系的。

常见的冷料穴与拉料杆结构形式有下列几种：

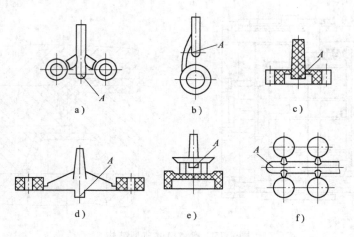

图 3-27　冷料穴

（1）带钩形拉料杆和底部带推杆的冷料穴　带钩形（Z形）拉料杆的冷料穴如图 3-29a 所示，开模时，由于 Z 形将冷凝料钩住，使主流道凝料从主流道衬套中拔出。因拉料杆的另一端固定在推杆固定板上，所以在制品推出的同时将冷凝料从动模中推出。取出制品时，用手工朝着 Z 形的侧向稍加移动，就可将浇注系统和制品一起取下。

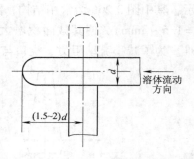

图 3-28　冷料穴设置在分流道

　　属于同类型的有带推杆的倒锥形冷料穴（图 3-29b）和圆环槽冷料穴（图 3-29c），其冷凝料都是由固定在推杆固定板上的推杆推出。开模时，倒锥和圆环槽起拉料作用，然后利用推杆强制推出凝料。显然，这两种结构在取出主流道凝料时无需作横向移动，因而可实现自动化操作。但倒锥和圆环槽尺寸不宜太大，这两种结构适用于弹性较好的塑料成型。有时因受制品形状限制，在脱模时制品不能左右移动，因此，不宜用 Z 形拉料杆。

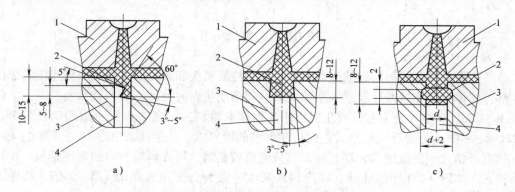

图 3-29　钩形拉料杆和底部带推杆的冷料穴
a）带钩形（Z形）拉料杆的冷料穴　b）带推杆的倒锥形冷料穴　c）带推杆的圆环槽冷料穴
1—定模　2—冷料穴　3—动模　4—拉料杆（推杆）

　　（2）带球头拉料杆的冷料穴　这种拉料杆用于制品以推件板推出的模具中，如图 3-30 所示。熔体进入冷料穴后，紧包在球头上，开模时，就可以将主流道凝料从主流道衬套中拉出。由于球头拉料杆的另一端固定在动模一边的型芯固定板上，并不随推件板而动，所以，

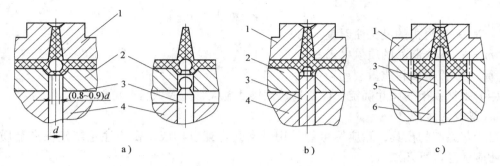

图 3-30　带球头拉料杆的冷料穴

1—定模　2—推件板　3—拉料杆　4—型芯固定板　5—凹模　6—推块

在推件板推动制品时就把流道凝料从球头上强行脱出，如图 3-30a 所示。为了减少球形头的制造难度，由球形拉料杆演变成菌形拉料杆（图 3-30b）和锥形拉料杆（图 3-30c）两种形式。锥形拉料杆无储存冷料作用，它是靠塑料收缩的包紧力而将主流道凝料脱出的，所以可靠性较差。但其锥形可起分流作用，常用于单型腔模成型带有中心孔的制品。

（3）无拉料杆的冷料穴　无拉料杆的冷料穴如图 3-31 所示，在主流道对面动模板上开一锥形凹坑，为了拉出主流道凝料，在锥形凹坑的锥壁上平行于另一锥边钻一个深度不大的小孔，开模时就利用小孔对凝料的带动作用，将主流道凝料从主流道衬套中拉出。推出时，推杆顶在制品或分流道上，使凝料推出动模。为了使凝料在推出时产生斜向移动，分流道必须设计成 S 形或类似的带有挠性的形状。

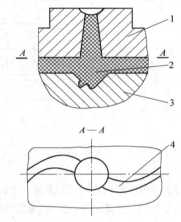

图 3-31　无拉料杆的冷料穴

1—定模　2—冷料穴　3—动模　4—分流道

# 第五节　注射模具成型零件的设计

成型零件是直接与塑料接触、成型塑件的零件，也就是构成型腔的零件。成型塑件外表面的零件为凹模，成型塑件内表面的零件为型芯。

设计成型零件时，首先应根据塑料的特性和制品的形状、尺寸及其他使用要求，确定型腔的总体结构、分型面、浇注系统及浇口位置、脱模方式、排气等，然后根据制品的形状、尺寸和成型零件的加工和装配工艺要求进行成型零件的结构及尺寸设计。

**一、型腔总体布置**

**1. 型腔数目的确定**

（1）根据制品生产规模确定　制品的批量越大，型腔的数目就越多。

（2）根据制品精度及尺寸确定　制品的精度越高，型腔的数目就应越少；制品的尺寸越大，型腔的数目就也应少些。

（3）根据注射机的参数确定　注射机的最大注射量越大，单个制品的质量越小，型腔的数目就越多，具体数目 $n$ 可按下式计算：

$$n = (0.8G - m_2) / m_1$$

式中　$G$——注射机的最大注射量（g）；

　　　$m_1$——单个制品的质量（g）；

　　　$m_2$——流道凝料质量（g）。

（4）根据模架的尺寸确定　模架长、宽尺寸越大，型腔数目就可越多。

2. 型腔的排列

对于多型腔的模具，除应尽可能采用平衡式排列以构成平衡浇注系统确保产品质量以外，还应注意以下几点：

1）型腔布置应力求对称，以便防止模具承受偏载而产生溢料现象，如图 3-32 所示，图 3-32a 不合理，图 3-32b 合理。

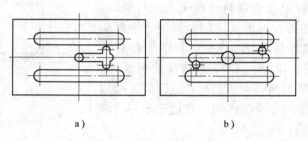

图 3-32　型腔的布置

a）不合理　b）合理

2）型腔布置应力求紧凑，以便减少模具的外形尺寸。

3）尽量采用直线形排列和 H 形判列（图 3-33），以利于型腔的加工。

**二、分型面的选择**

1. 分型面的形状

为了塑料制品的脱模和安放嵌件的需要，模具型腔由两部分或更多部分组成，这些可分离部分的接触表面称为分型面。一副塑料模具根据需要可能有一个或多个分型面。分型面可以垂直于合模方向或倾斜于合模方向，也可以平行于合模方向。合模方向通常是指动模与定模闭合的方向。

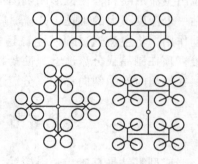

图 3-33　型腔的排列

分型面的形状有平面、斜面、阶梯面、曲面等，如图 3-34 所示。分型面应尽量选择平面。但是为了适应制品成型的需要与便于制品脱模，也可以采用后三种分型面。后三种分型面虽然加工较麻烦，但型腔加工却比较容易。

2. 分型面选择的一般原则

分型面的选择很重要，它对制品的质量、操作难易、模具结构及制造影响很大。在选择分型面时应遵循以下基本原则：

1）分型面应便于塑料制品的脱模。为了便于制品脱模，在一般情况下应使制品在开模时留在动模上，这是因为推出机构一般都设在动模部分。为了使制品留在动模中，必须具体分析制品与动模和定模的摩擦力关系，做到摩擦力大的朝动模一方，但又不宜过大而造成脱

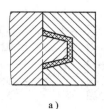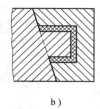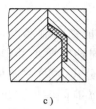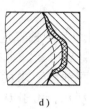

a)　　　　　　b)　　　　　　c)　　　　　　d)

图 3-34　分型面的形状

a）平面　b）斜面　c）阶梯面　d）曲面

模困难。图 3-35 表示在不同情况下，处理制品的留模问题。其中，图 3-35a 所示为型腔在动模，型芯在定模，开模后塑料制品收缩而包紧型芯，因而制品留在定模，此方法脱模困难。用图 3-35b 所示的结构制品则留在动模，脱模方便。图 3-35c 和 d 表明，当塑料制品外形较简单，而内形有较多的孔或较复杂的内凹时，塑料制品成型收缩后必然留在型芯上。采用图 3-35d 所示的结构，脱模较方便，如果采用图 3-35c 所示的结构，型腔设在动模，增加了塑料制品脱模的阻力，脱模困难。图 3-35e、f 表明，当制品带有金属嵌件时，由于嵌件不会收缩，对型芯无包紧力，结果带嵌件的制品留在型腔内，而不会留在型芯上，所以采用图 3-35e 所示的结构时，制品留在定模内，脱模困难，而采用图 3-35f 所示的结构，脱模就比较容易。

　　2）分型面选择应有利于侧面分型和抽芯。为了便于塑料制品脱模，在考虑型腔的总体结构时，必须注意制品在型腔中的方位，尽量只采用一个与开模方向垂直的分型面，设法避免侧向分型和侧向抽芯，以免脱模困难和模具复杂化。

　　如果塑料制品有侧孔或侧凹时，必须侧向抽芯时，宜将侧型芯设在动模上（图 3-36a），以便抽芯。如果侧型芯设在定模上（图 3-36b），则抽芯较麻烦。同时，还要注意除了液压抽芯机构能获得较大的抽芯距外，一般的侧向分型抽芯机构的抽芯距离较小，因而选择分型面时，应将抽芯或分型距离较大的放在开模的方向上，而将抽芯距离小的放在侧向，如图 3-36c 所示。而图 3-36d 所示的分型是不妥的。

　　由于侧向滑块合模时锁紧力较小，而对于大型制品又需要侧面分型时，则应将投影面积大的分型面设在垂直于合模方向上，而把投影面积小的分型面作为侧面分型，如图 3-36e 所示。如果采用图 3-36f 所示的结构，则可能由于侧滑块锁紧力不足而产生溢料，为了不产生溢料，侧滑块锁紧机构必须作得

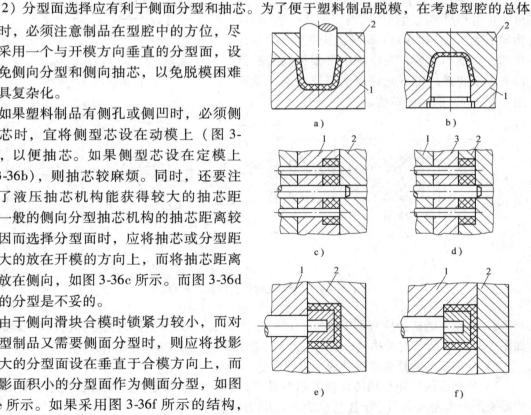

图 3-35　塑料制品的留模方式

1—动模　2—定模　3—推件板

很大。

3）分型面的选择应保证塑料制品的质量。为了保证制品质量，对有同轴度要求的塑料制品应将有同轴度要求的部分设在同一模板内。如图 3-37 所示，由于 $D$ 与 $d$ 有同轴度要求，故应采用图 3-37a 所示的结构而不应采用图 3-37b 所示的结构。分型面应选在不影响塑料制品外观和产生的飞边容易修整的部位，图 3-37c 是合理的，而图 3-37d 就有损制品表面质量。

4）分型面的选择应有利于防止溢料。造成溢料多，飞边过大的原因很多，其中一个原因就是分型面选择不当。当塑料制品在垂直于合模方向的分型面上的投影面积接近于注射机最大的注射面积时，就有可能产生溢料。从这个角度来说，一个弯板形塑料制品采用图 3-38a 所示的成型方位比采用图 3-38b 所示的结构合理；对于流动性好的塑料采用如图 3-38d 所示的结构可防止溢料过多飞边过大，而图 3-38c 所示的结构却不然。图 3-38c 和 d 两种结构产生飞边的部位和方向是不同的，在应用中可根据制品的具体要求来选择，当不允许有水平飞边时，则采用如图 3-38d 所示的结构。

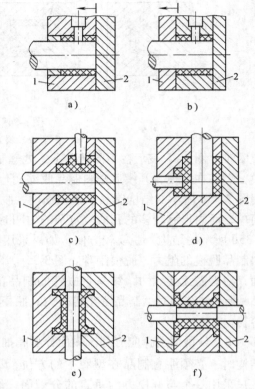

图 3-36 分型面对侧向抽芯的影响
1—动模 2—定模

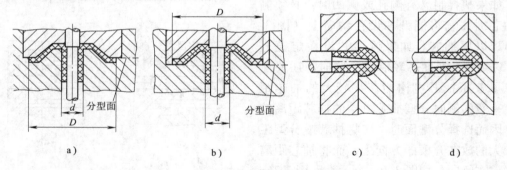

图 3-37 分型面对塑料制品质量的影响
a）、c）合理 b）、d）不合理

5）分型面的选择应有利于排气。为了便于排气，一般分型面应与熔体流动的末端重合，如图 3-39a、c 所示的结构是合理的，而图 3-39b、d 所示的结构是不合理的。

6）分型面的选择应尽量使成型零件便于加工。

7）分型面的选择必须考虑注射机的技术参数。对于高度较大的制品，为了取出制品，所需要的开模距离必须小于注射机的最大开模距离。

实际生产中，以上分型面选择原则可能发生矛盾，不能全部符合上述选择原则，在这种情况下，应根据实际情况，以满足制品的主要要求为宜。

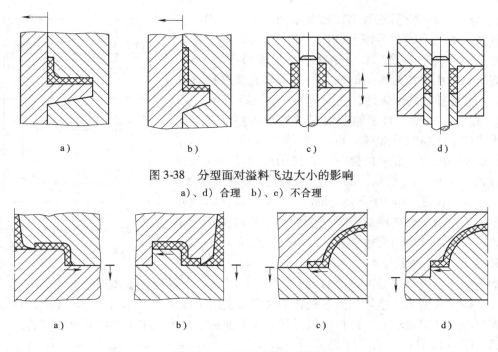

图 3-38 分型面对溢料飞边大小的影响

a)、d) 合理 b)、c) 不合理

图 3-39 分型面对排气的影响

a)、c) 合理 b)、d) 不合理

### 三、成型零件的结构设计

**1. 凹模的结构设计**

凹模是成型塑料制品外形的主要零件。根据塑料制品成型的需要和加工与装配的工艺要求，凹模有整体式和组合式两类。

（1）整体式凹模 整体式凹模是由整块模板加工而成，如图 3-40 所示，这种凹模结构简单，成型的制品质量较好。但对于形状复杂的凹模，其机械加工工艺性较差。随着数控加工技术和电加工技术的发展与应用，采用整体式凹模将会越来越多。

（2）组合式凹模 组合式凹模改善了加工性，减少了热处理变形，节约了模具钢，但装配调整较麻烦，有时制品表面可能存在拼块的拼接线痕迹。因此，组合式凹模主要用于形状复杂的塑料制品的成型。组合式凹模的组合方式是多种多样的，常见的组合方式有以下几种：

1）整体嵌入式凹模。对于小型的塑料制品采用多型腔塑料模具成型时，各单个凹模通常采

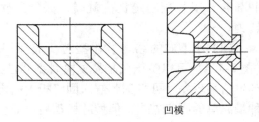

凹模

图 3-40 整体式凹模

用冷挤压、电加工、电铸或超塑性成型等方法制成，然后整体嵌入模板中，这种凹模称为整体嵌入式凹模。

2）局部镶嵌式凹模。某些塑料制品成型用凹模上，有的部位特别容易磨损，或者是难以加工，这时常把凹模的这一部位作成镶件嵌入模体，这种凹模称为局部镶嵌式凹模。

3）拼合式凹模。为了便于切削加工、抛光、研磨和热处理，整个凹模型腔可由几个部

分镶拼而成。当凹模型腔底部比较复杂或尺寸较大时，可把凹模做成通孔型的，再镶上底部。对于大型凹模，为了便于加工，有利于淬透、减少热处理变形和节省模具钢，凹模侧壁也采用拼块结构。侧壁之间常采用扣锁联接（图3-41）以保证装配的准确性，减少塑料挤入接缝。

4) 瓣合式凹模。对于侧壁带凹槽的塑料制品成型凹模，为了便于塑料制品脱模，可将凹模做成两瓣或多瓣组合式，成型时瓣合，脱模时瓣开。常见的瓣合式凹模是两瓣组合式，如图3-42所示。凹模由两瓣对拼镶块（滑块）组成，这种凹模通常称为哈夫（half）凹模。合模时由斜导柱1带动向滑块2中间靠拢形成型腔，开模时两瓣滑块由斜导柱1带动分别向两边移动，方便推出制品。

2. 型芯的结构设计

型芯是成型塑料制品内表面的成型零件，按其结构形式分为整体式和组合式两类。

(1) 整体式型芯　整体式型芯是在整块模板上加工而成的，如图3-43a所示，其结构牢固，成型的制品质量较好，但材料消耗量大，不便加工，主要用于形状简单的型芯。

(2) 组合式型芯　为了节约贵重模具钢及便于加工而把模板和型芯采用不同材料制成，然后连接起来，此类型芯称为组合式型芯，如图3-43b、c、d所示。其中图3-43b所示为用螺钉、销钉联接，结构较简单。图3-43c所示为采用局部嵌入定位，螺钉联接，其牢固性比图3-43b所示的好。图3-43d所示为采用台阶联接，联接牢固可靠，是一种常用的联接方法，但结构较复杂，为防止固定部分为圆形而成型部分为非圆形的型芯在固定板内旋转，必须装防转销。

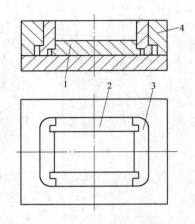

图 3-41　凹模侧壁为拼合的结构
1—底板　2、3—侧板　4—模套

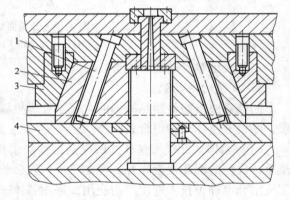

图 3-42　两瓣组合式凹模
1—斜导柱　2—滑块　3—楔紧块　4—推件板

(3) 小型芯的结构　小型芯（成型杆）一般多采用组合式，如图3-44所示。铆接式（图3-44a）可以防止在制品脱模时型芯被拔出，但熔体容易从S处渗入型芯底面，为防止产生这种现象，可将型芯嵌入固定板内一定距离，如图3-44b所示，它是压入式结构，是一种最简单的固定方式，但型芯松动后可能会被拔出；图3-44c所示为常用的固定方式，型芯与固定板间留有0.5mm的双边间隙，这是为了加工和装配方便，型芯下段加粗是为了提高小而长的型芯的强度；图3-44d所示为带推板的型芯固定方法；图3-44e、f所示为带顶销或紧固螺钉的固定方法；对于尺寸较大的型芯可以采用图3-44g、h、i、j所示的固定方法；当局部有小型芯时，可用图3-44k、l所示的固定方式，在小型芯下嵌入垫板，以缩短型芯及其配合长度。

注射模具中还常采用螺纹型芯和螺纹型环。

**四、成型零件工作尺寸的计算**

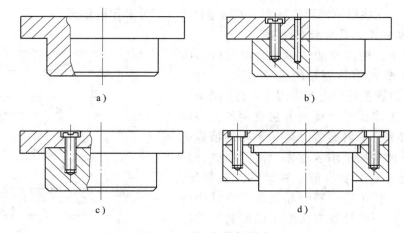

图 3-43 型芯的结构形式
a）整体式型芯 b）、c）、d）组合式型芯

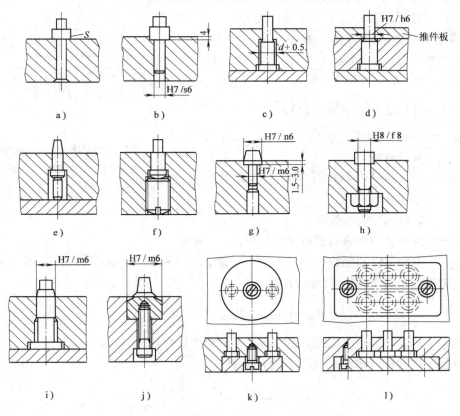

图 3-44 小型芯

　　成型零件的工作尺寸是指成型零件上直接用以成型塑料制品部分的尺寸，主要有型腔和型芯的径向尺寸（包括矩形和异形零件的长和宽）、型腔和型芯的深度尺寸、中心距等。

　　任何塑料制品都有一定的几何形状及尺寸要求，其中有配合要求的尺寸，精度要求较高。模具成型零件工作尺寸必须保证所成型制品的尺寸达到要求，而影响塑料制品的尺寸及公差的因素较多，如塑料收缩率的偏差和波动、成型零件的制造误差、成型零件的磨损、成型工艺条件等，这些影响因素应该作为成型零件工作尺寸确定的依据。

1. 成型零件工作尺寸计算方法

一般情况下，模具制造公差、磨损和成型收缩波动是影响塑料制品公差的主要因素，因而，计算工作零件时就根据以上三项因素进行计算。

成型零件工作尺寸计算的方法有两种：一种是按平均收缩率、平均制造公差和平均磨损量进行计算，另一种是按极限收缩率、极限制造公差和极限磨损量进行计算。前一种计算方法简便，但可能有误差，在精密塑料制品的模具设计中受到一定限制，后一种计算方法能保证所成型的塑料制品在规定的公差范围内，但计算比较复杂。模具成型零件尺寸与塑料制品尺寸关系，如图 3-45 所示。以下按平均值的方法介绍其计算公式。

2. 成型零件工作尺寸的计算公式

（1）型腔（凹模）径向（或长、宽）尺寸的计算

$$L_{M} = \left( L_{smax} + L_{smax}s\% - \frac{3}{4}\Delta \right)_{0}^{+\delta_Z}$$

式中　$L_{M}$——型腔（凹模）径向（或长、宽）尺寸（mm）；

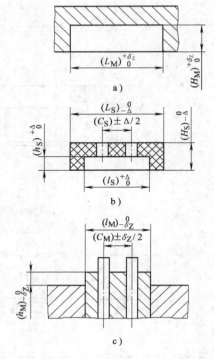

图 3-45　模具成型零件尺寸与制品尺寸关系
a）型腔　b）塑料制品　c）型芯

$L_{smax}$——塑料制品外表面尺寸的最大极限尺寸（mm）；

$s\%$——塑料的平均收缩率；

$\Delta$——塑料制品外表面相应尺寸的公差（mm）；

$\delta_Z$——成型零件的制造公差（mm），一般 $\delta_Z = (1/3 \sim 1/10)\ \Delta$。

（2）型腔（凹模）深度尺寸的计算

$$H_{M} = \left( H_{smax} + H_{smax}\ s\% - \frac{2}{3}\Delta \right)_{0}^{+\delta_Z}$$

式中　$H_{smax}$——塑料制品外表面高度方向尺寸的最大极限尺寸（mm）。

（3）型芯的径向（或长、宽）尺寸的计算

$$l_{m} = \left( l_{smin} + l_{smin}s\% + \frac{3}{4}\Delta \right)_{-\delta_Z}^{0}$$

式中　$l_{smin}$——塑料制品内表面径向或长、宽方向的最小极限尺寸（mm）。

（4）型芯高度尺寸的计算

$$h_{m} = \left( h_{smin} + h_{smin}s\% + \frac{2}{3}\Delta \right)_{-\delta_Z}^{0}$$

式中　$h_{smin}$——塑料制品内表面高度方向的最小极限尺寸（mm）。

（5）型芯或型孔中心距尺寸的计算

$$C_m = (C_{sav} + C_{sav}s\%) \pm \delta_Z/2$$

式中 $C_{sav}$——塑料制品中心距的平均尺寸（mm），$C_{sav} = (C_{smax} + C_{smin})/2$。

**例3-1** 塑件如图3-46所示，材料为ABS。试确定凹模径向尺寸与深度、型芯直径和高度、孔心距、小型芯直径。（$\delta_Z$ 取（1/3）$\Delta$）

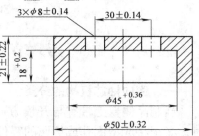

图3-46 塑件

**解：**

（1）确定塑件的收缩率。

查手册，ABS的收缩率为 $0.4\% \sim 0.7\%$，取平均收缩率 $s\% = 0.6\%$。

（2）凹模尺寸计算（$\phi 50 \pm 0.32$mm、$21 \pm 0.22$mm）

凹模径向尺寸 
$$L_M = \left(L_{smax} + L_{smax}s\% - \frac{3}{4}\Delta\right)_0^{+\delta_Z}$$
$$= \left(50.32\text{mm} + 50.32\text{mm} \times 0.6\% - \frac{3}{4} \times 0.64\text{mm}\right)_0^{+0.64/3}$$
$$= 50_0^{+0.21}\text{mm}$$

凹模深度尺寸 
$$H_M = \left(H_{smax} + H_{smax}s\% - \frac{2}{3}\Delta\right)_0^{+\delta_Z}$$
$$= \left(21.22\text{mm} + 21.22\text{mm} \times 0.6\% - \frac{2}{3} \times 0.44\text{mm}\right)_0^{+0.44/3}$$
$$= 21_0^{+0.15}\text{mm}$$

（3）大型芯尺寸计算（$45_0^{+0.36}$mm、$18_0^{+0.2}$mm）

大型芯的径向尺寸 
$$l_m = \left(l_{smin} + l_{smin}s\% + \frac{3}{4}\Delta\right)_{-\delta_Z}^0$$
$$= \left(45\text{mm} + 45\text{mm} \times 0.6\% + \frac{3}{4} \times 0.36\text{mm}\right)_{-0.36/3}^0$$
$$= 45.5_{-0.12}^0\text{mm}$$

大型芯高度尺寸 
$$h_m = \left(h_{smin} + h_{smin}s\% + \frac{2}{3}\Delta\right)_{-\delta_Z}^0$$
$$= \left(18\text{mm} + 18\text{mm} \times 0.6\% + \frac{2}{3} \times 0.2\text{mm}\right)_{-0.2/3}^0$$
$$= 18.2_{-0.07}^0\text{mm}$$

（4）小型芯尺寸计算（$\phi 8 \pm 0.14$mm）

$$l_m = \left(l_{smin} + l_{smin}s\% + \frac{3}{4}\Delta\right)_{-\delta_Z}^0$$
$$= \left(7.86\text{mm} + 7.86\text{mm} \times 0.6\% + \frac{3}{4} \times 0.28\text{mm}\right)_{-0.28/3}^0$$
$$= 8_{-0.09}^0\text{mm}$$

（5）中心距尺寸计算（$30 \pm 0.14$ mm）

$$C_m = (C_{sav} + C_{sav}s\%) \pm \delta_Z/2$$

$$= (30mm + 30mm \times 0.6\%) \pm \frac{1}{2} \times \frac{1}{3} \times 0.28$$

$$= 30.2 \pm 0.05mm$$

# 第六节　注射模具的侧向抽芯机构

## 一、侧向抽芯机构的分类

当制品侧壁上带有与开模方向不同的内、外侧孔或侧凹等，阻碍制品成型后直接脱模时，必须将成型侧孔或侧凹的零件做成活动的，这种零件称为侧型芯（俗称活动型芯），如图 3-47 所示的零件 6。在制品脱模前必须抽出侧型芯，然后再从模具中推出制品，完成侧型芯的抽出和复位的机构称为侧向分型抽芯机构。

侧向抽芯机构按其动力来源可分为机动、手动、气动或液压三大类。

（1）机动抽芯机构　机动抽芯机构如图 3-47 所示，开模时，依靠注射机的开模力，通过传动零件，将侧型芯抽出。机动抽芯具有较大的抽芯力和抽芯距，生产效率高，操作简便，动作可靠等优点，因而被广泛采用。机动抽芯机构按传动方式可分为斜导柱分型与抽芯机构、斜滑块分型与抽芯机构、齿轮齿条抽芯机构及其他形式抽芯机构。

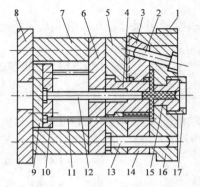

图 3-47　侧向分型抽芯的注射模图
1—动模座板　2—垫块　3—支承板　4—型芯固定板　5—型芯　6—侧型芯滑块　7—斜导柱　8—楔紧块　9—定位圈　10—定模座板　11—主流道衬套　12—动模板　13—导柱　14—拉料杆　15—推杆　16—推杆固定板　17—推板

（2）手动侧向分型抽芯机构　开模后，依靠人工将侧型芯或镶块连同制品一起取出，在模外使制品与型芯分离，或在开模前依靠人工直接抽拔或通过传动装置抽出侧型芯。手动抽芯机构的结构简单，制造方便，但操作麻烦，生产率低，劳动强度大且抽拔力受到人力限制。因此，只有在试制和小批量生产时，或因制品形状的限制无法采用机动抽芯机构时才采用手动抽芯。

（3）气动或液压侧向分型与抽芯机构　它是依靠液压系统或气动系统抽出侧型芯的，如图 3-48 所示，液压缸（或气压缸）7 以支架 6 固定于动模 3 的侧面，型芯 2 通过拉杆 4 和联接器 5 与活塞杆联接。由活塞的往复运动带动拉杆和型芯以实现抽芯和复位。合模时侧型芯 2 上突出的斜面与定模相应斜面楔紧，起锁紧作用。

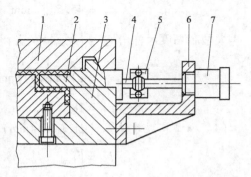

图 3-48　气动或液压侧向分型与抽芯机构
1—定模　2—侧型芯　3—动模　4—拉杆　5—联接器　6—支架　7—液压缸（或气压缸）

气动或液压侧向分型与抽芯机构的优点是传动平稳，可以根据抽芯力的大小和抽芯行程来设置液压和气动系统，可以得到较大的抽芯力和较长的抽芯行程。

## 二、斜导柱抽芯机构

1. 斜导柱抽芯机构工作原理及组成

斜导柱抽芯机构如图 3-49 所示，由于其具有结构简单，制造方便，安全可靠的特点，因而是最常用的一种结构形式。

（1）斜导柱分型抽芯机构动作过程　如图 3-49 所示，与模具开合方向成一定角度的斜导柱 3 固定在定模座板 2 上，滑块 8 可以在动模板 7 的导滑槽内滑动，侧型芯 5 用销钉 4 固定在滑块 8 上。开模时，开模力通过斜导柱作用于滑块上，迫使滑块在动模导滑槽内向左滑动，直至斜导柱全部脱离滑块，即完成抽芯动作，制品由推出机构中的推管 6 推离型芯。限位挡块 9、弹簧 10 及螺钉 11 组成滑块定位装置，使滑块保持抽芯后的最终位置，以确保再次合模时，斜导柱能顺利地插入滑块的斜导柱孔，使滑块回到成型时的位置。在注射成型时，滑块 8 受到型腔熔体压力的作用，有产生移位的可能，因此用楔紧块 1 来保证滑块在成型时的位置。

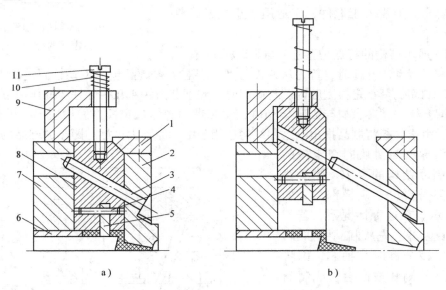

图 3-49　斜导柱分型抽芯原理图

a）合模　b）开模抽芯后

1—楔紧块　2—定模座板　3—斜导柱　4—销钉　5—侧型芯　6—推管　7—动模板
8—滑块　9—限位挡块　10—弹簧　11—螺钉

（2）斜导柱抽芯机构的组成

1）成型零件。其作用是成型塑件侧面的孔、凹槽等，如侧型芯。

2）运动装置。主要由滑块和斜导柱组成。滑块在动模板导滑槽内滑动，带动侧型芯运动；斜导柱固定在定模座板，开模时将侧型芯与滑块从制品中抽拔出来，合模时将侧型芯与滑块顺利复位到成形位置。

3）定（限）位装置。其作用是确保再次合模时斜导柱能顺利插入滑块的斜导柱孔，如限位挡块、弹簧、螺钉。

4）锁紧装置。其作用是确保滑块成型时有正确的位置，如楔紧块。

2. 斜导柱抽芯机构的结构形式

(1) 斜导柱在定模，滑块在动模的结构　在开模的同时，侧型芯与滑块被斜导柱侧向抽出，在侧型芯完全抽出制品时，再由推出机构将制品推出。这种结构应用十分广泛。在设计这种结构时，必须避免在复位时滑块与推杆出现干涉。

(2) 斜导柱在动模，滑块在定模的结构　典型结构如图 3-50 所示，其特点是没有推出机构。因斜导柱和滑块导柱孔的配合间隙较大（$Z = 1.6 \sim 3.5\text{mm}$），使得滑块在分开前，动模和定模先分开一个距离 $L$（$L = Z/\sin\alpha$），固定在动模上的型芯也从制品中抽出距离 $L$，然后靠斜导柱推动滑块，使滑块与制品脱离（抽芯动作），最后用手工取出制品。这种形式的模具结构简单，加工容易，但需人工取件，仅适用于小批量简单制品的生产。

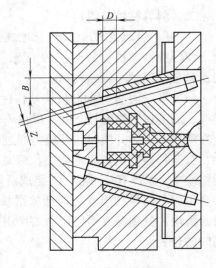

图 3-50　斜导柱在动模滑块
在定模的结构

图 3-51 所示结构的特点是型芯 1 与固定板 11 有一定距离的相对运动。开模时，首先从 $A$ 面分型，型芯 1 被制品包紧不动，固定板 11 相对型芯 1 移动，制品仍留在定模型腔内。与此同时，侧型芯滑块 4 在斜导柱 2 的作用下从制品中抽出，继续开模，型芯台肩与固定板相碰，型芯带动制品从定模型腔中脱出，模具从 $B$ 面分型。最后由推件板将制品推出。这种结构适用于抽芯力不大，抽芯距小的制品的成型。

(3) 斜导柱与滑块同在定模的结构　因制品结构的要求，侧滑块与斜导柱都需要设在定模部分，如图 3-52 所示。在这种情况下，若不使滑块带着侧型芯先从制品中抽出，待动模和定模分型时才抽芯，则将会损坏制品的侧孔或凸台，或制品留在定模上，难以取出。因此，在动模型芯带着制品脱离型腔前，应先将侧型芯抽出，由固定在定模座板上的斜导柱 2 先抽动侧型芯滑块，而且型腔板与定模座板分型距离必须大于斜导柱能使侧型芯全部从制

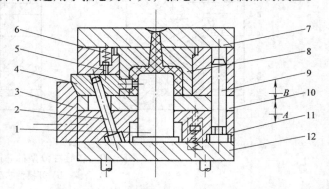

图 3-51　斜导柱在动模滑块在定模的结构
1—型芯　2—斜导柱　3—楔紧块　4—滑块　5—定位销
6—弹簧　7—定模座板　8—型腔　9—导柱　10—推件板
11—固定板　12—动模座板

品中抽芯的距离，待达到这个距离后，动模才能与型腔板分型，带动制品脱出型腔，然后再由推出机构完成整个脱模动作。

(4) 斜导柱与滑块同在动模的结构　斜导柱与滑块同在动模如图 3-53 所示，它是通过推出机构使侧型芯抽出的结构。滑块 1 装在推件 2 的滑槽内，开模时并无相对运动，因此滑块在原位不动，当推出机构开始动作，推杆推动推件板，使制品脱离主型芯，与此同时，侧型芯在斜导柱的作用下作侧向外移，侧型芯从制品中抽出。这种结构由于滑块始终不离开斜导柱，所以不需设置定位装置。结构比较简单，但抽芯距不太大。

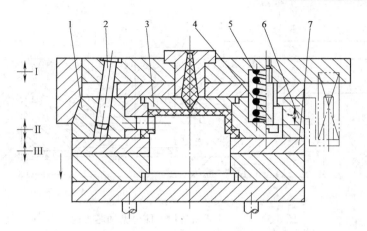

图 3-52　斜导柱与滑块同在定模

1—滑块　2—斜导柱　3—型芯　4—定距螺钉　5—弹簧　6—凹模板　7—推件板

### 三、斜滑块抽芯机构

斜滑块抽芯机构结构简单、安全可靠、制造方便，因此，在塑料模具中应用较广。斜滑块分型抽芯机构按导滑部分的结构不同可分为斜滑块式、斜导杆式、导板式等。

**1. 滑块导滑的斜滑块抽芯机构**

（1）斜滑块外侧分型抽芯机构　T 形槽式斜滑块抽芯机构如图 3-54 所示，模套 4 开有 T 形槽，斜滑块 3 可在槽中移动。推出时，在推杆 2 和推管 1 的作用下，同时完成侧抽芯和制品的推出。限位销 5 的作用是对斜滑块限位，以防止斜滑块脱出模套。

当制品侧面的孔或凹槽较浅，所需抽芯距不大，但成型面积较大，需要抽芯力较大时，常采用滑块导滑的分型抽芯机构。这种抽芯机构的特点是当推杆推动斜滑块时，推出制品与抽芯（或分型）动作同时进行。另

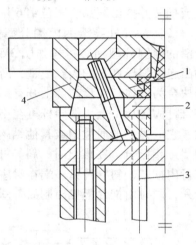

图 3-53　斜导柱与滑块同在动模

1—滑块　2—推件板　3—联接推杆
4—楔紧块

外，因斜滑块的刚性好，能承受较大的抽芯力，所以斜滑块的斜角可比斜导柱的斜角大些，但一般不大于 30°，斜滑块的推出长度通常不超过导滑长度 2/3，不然斜滑块容易倾斜，影响导滑精度。

（2）斜滑块内侧分型抽芯机构　成型带有内侧凸形塑料制品的斜滑块内侧分型抽芯机构，如图 3-55 所示，在推杆作用下，两侧活动斜滑块以动模板内斜孔导向，在内侧抽芯的同时推出制品。

**2. 斜导杆导滑的斜滑块分型抽芯机构**

由于受斜导杆强度、刚度的限制，斜导杆导滑的斜滑块分型抽芯机构常用于抽芯力不大，抽芯距较小的场合，它分为外侧抽芯和内侧抽芯两种形式。

（1）斜导杆导滑的外侧分型抽芯机构　斜导杆导滑的外侧分型抽芯机构如图 3-56 所示，共有四个斜滑块 5 构成圆周成型面。斜滑块由斜导杆 1 导滑，斜导杆可伸入定模，以确保足

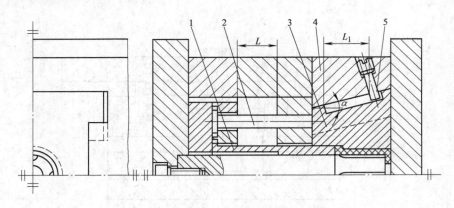

图 3-54　T 形槽式斜滑块外侧分型抽芯机构

1—推管　2—推杆　3—斜滑块　4—模套　5—限位销

够导向长度。推出时，推件板 3 同时推动四个斜滑块完成抽芯并推出制品。限位销 6 用于斜滑块的限位。

（2）斜导杆导滑的内侧分型抽芯机构　斜导杆导滑的内侧分型抽芯机构如图 3-57 所示，制品内侧的凸起由斜导杆 5 的头部成型，所以该结构的导杆与滑块合为一体。在型芯 7 上开有斜导槽，滑座 2 固定在推杆固定板 1 上。斜导杆可在型芯 7 的斜导槽内移动，它的另一端通过销或其他结构形式零件与滑座 2 的 T 形槽配合。在推出时，斜导杆在斜导槽内移动而进行内抽芯，斜导杆另一端在滑座中移动以保证不致卡死，同时由推件板推出制品。斜导杆的复位由复位杆来完成。

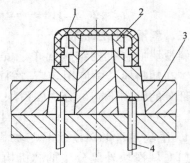

图 3-55　斜滑块内侧分型抽芯机构

1—制品　2—斜滑块　3—动模板　4—推杆

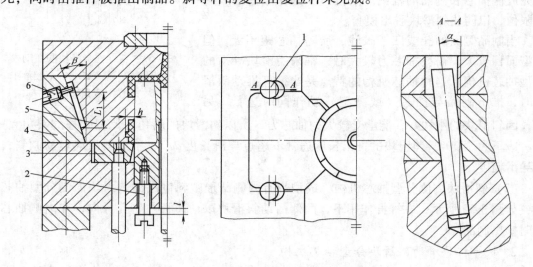

图 3-56　斜导杆导滑的外侧分型抽芯机构

1—斜导杆　2—限位螺钉　3—推件板　4—模套　5—斜滑块　6—限位销

**四、其他形式的侧向抽芯机构**

**1. 斜槽导板分型与抽芯机构**

带有斜槽导板分型与抽芯机构的注射模如图 3-58a 所示，它在侧型芯滑块的外侧用斜槽导板代替斜导柱，槽的倾斜角 $\alpha$ 在 25°以下为宜，如抽芯距大，必须超过这个角度时，可以把倾斜角做成两段，如图 3-58b 所示，第一段 $\alpha_1$ 比楔紧块斜角小 2°，并在 25°以下；第二段 $\alpha_2$ 做成所需的角度，但 $\alpha_2$ 应小于 40°。这种结构适用于抽拔力不大，但抽芯行程较长的场合。

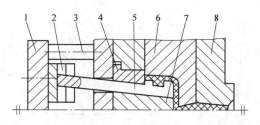

图 3-57　斜导杆导滑的内侧分型抽芯机构
1—推杆固定板　2—导杆滑座　3—复位杆
4—推件板镶块　5—斜导杆　6—凹模
7—型芯　8—定模座板

### 2. 齿轮齿条抽芯机构

齿轮齿条抽芯机构具有抽芯力大、抽芯距长的特点，是一种较好的抽芯机构。但由于结构复杂，加工较困难，因此，只有在其他抽芯机构不适用时才采用。其工作原理是利用开模力或推件力通过齿条齿轮传动，带动侧型芯来完成抽芯动作。

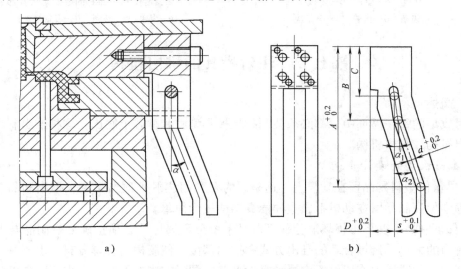

a)　　　　　　　　　b)

图 3-58　斜槽导板分型与抽芯机构

（1）齿条固定在定模的侧向抽芯机构　齿轮齿条水平抽芯机构如图 3-59 所示，它在开模过程中进行抽芯，在合模过程中复位的齿轮齿条水平抽芯机构。制品上的侧孔由型芯 2 成型。开模时，楔紧块 7 脱开齿条 4，由固定在定模上的齿条 5 与齿轮 6 啮合，并带动齿条 4 及型芯 2 完成抽芯。齿条 5 与齿轮 6 啮合前，楔紧块 7 必须抽出齿条 4，因此，齿条 5 必须有 1 段的空行程。

（2）齿条固定在推出机构的斜向抽芯机构　齿条固定在推出机构的抽芯机构如图 3-60 所示，齿条齿轮全部安装在动模，推出制品前必须先将斜向型芯抽出，然后才能推出。开模后，注射机顶杆首先推动齿条固定板 1，齿条 5 通过齿轮 4 将型芯齿条 3 抽出，直至齿条固定板 1 碰到推杆固定板 2，并与推杆一起继续运动，完成推出制品动作。由于齿条与齿轮在整个抽芯推件运动中始终啮合，所以齿轮轴上不需设置定位装置。合模时，齿条及齿条固定板 1 和推杆固定板 2 的复位分别由齿条复位杆 6 和复位杆来完成。推杆固定板 2 与齿条固定板复位后其间距为 $l$，$l$ 值应满足型芯齿条的抽芯距要求。

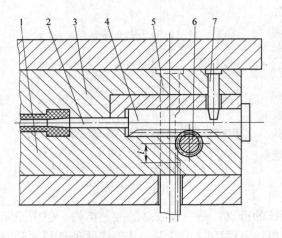

图 3-59　齿轮齿条水平抽芯机构　　　　图 3-60　齿条固定在推出机构的抽芯机构
1—动模　2—型芯　3—定模　　　　1—齿条固定板　2—推杆固定板　3—型芯齿条
4、5—齿条　6—齿轮　7—楔紧块　　　4—齿轮　5—齿条　6—齿条复位杆

# 第七节　注射模具的推出机构

## 一、概述

注射成型的每一循环中，都必须使制品从模具型腔和型芯上脱出，这种推出制品的机构称为推出机构或脱模机构。

1. 推出机构的设计要求

1）尽量使塑料制品留在动模上。这是因为要利用注射机顶出装置来推出制品，必须在开模过程中保证制品留在动模上，这样模具结构较为简单。

2）保证制品不变形不损坏。为保证制品不变形不损坏，必须正确分析制品与型腔各部位的附着力的大小，选择合理的推出方式和推出部位，使脱模力合理分布。由于制品收缩时包紧型芯，因此脱模力作用位置应尽量靠近型芯，同时亦应布置在制品刚度、强度最大的部位（如凸缘、加强肋等处），作用面积也应尽可能大，以免损坏制品。

3）保证制品外观良好。为保证制品外观良好，推出制品的位置应尽量选在制品的内部或对制品外观影响不大的部位。

4）结构可靠。推出机构应工作可靠，运动灵活，具有足够的强度和刚度。

2. 推出机构的分类

（1）按动力来源分类

1）手动推出机构。开模后，由人工操作推出机构推出定模中的制品，或直接由人工将塑件从模具中取出。手动推出机构常用于注射机不带顶出装置的定模。

2）机动推出机构。它是利用注射机开模动作，通过模具的推出机构推出制品。

3）液压推出机构。它是靠注射机上设置专用的液压推出装置进行脱模。

4）气动推出机构。它是利用压缩空气将制品吹出。

（2）按模具结构分类　按模具结构可分为简单推出机构（又称一次脱模机构）、双推出机构、二级推出机构、带螺纹制品的推出机构。

**二、简单推出机构**

简单推出机构主要由推出装置（如推杆、推管、推件板、推块等）、复位装置（如复位杆）、限位装置（如限位钉）、导向装置（如导柱导套）、结构零件（如推杆固定板、推板、联接螺钉）等组成。

1. 推杆推出机构

推杆推出机构如图 3-61 所示，主要由推杆、推杆固定板、推板、复位杆、推板导柱、推板导套等零件组成。

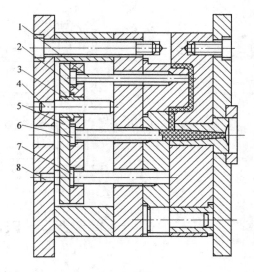

图 3-61　推杆脱模结构
1—推杆　2—推杆固定板　3—推板导套
4—推板导柱　5—推板　6—拉料杆
7—复位杆　8—限位钉

用推杆推出制品，尤其是用圆推杆推出制品是推出机构中最简单、最常用的一种。它制造简单，更换方便，滑动阻力小，脱模效果好，设置的位置自由度大，且容易实现标准化，所以在生产中广泛应用。但因推杆和制品接触面积小，容易引起应力集中，从而可能损坏制品或使制品变形，因此不适用于斜度小和脱模力大的管形和箱形制品的脱模。

（1）推杆的截面形状　因制品的几何形状及型腔、型芯结构不同，所以设置在型腔、型芯上的推杆截面形状也各不相同，常见的推杆截面形状如图 3-62 所示。

图 3-62　推杆截面形状

标准推杆是等截面的，如图 3-63a 所示。推杆的截面尺寸不应过细或过薄，以免影响强度和刚度。细长形推杆可将后部加粗成台阶形，如图 3-63b 所示，一般使 $d_1 = 2d$。此外，根据结构需要、节约材料和制造方便的原则，还有组合结构的推杆，如图 3-63c 所示。

对于一些要求配合间隙很小的推杆，其推杆工作端也可设计成锥形，如图 3-64 所示。虽然带锥形的推杆的加工要比圆柱形困难，但它在注射成型时无间隙，推出时无摩擦，工作端与制品接触面积大，推出制品表面平整，而且在推出制品时，在型腔表面与制品之间迅速进气，便于脱模。锥角一般取 60°，角度不宜太大，否则会影响锥体部分的强度。

（2）推杆的固定形式　推杆与固定板的联接形式如图 3-65 所示。其中，常见的固定形式（图 3-65a），适用于各种不同结构形式的推杆；用垫圈代替固定板的沉头孔（图 3-65b）以简化加工；用螺母拉紧推杆（图 3-65c），用于直径较大的推杆及固定板较薄的场合；用紧定螺钉顶紧推杆（图 3-65d），用于直径大的推杆和固定板较厚的场合；用螺钉紧固推杆（图 3-65e），适用于较大的各种截面形状的推杆；铆接式（图 3-65f），适用于推杆直径小且数量多及间距较小的场合。

（3）注意事项

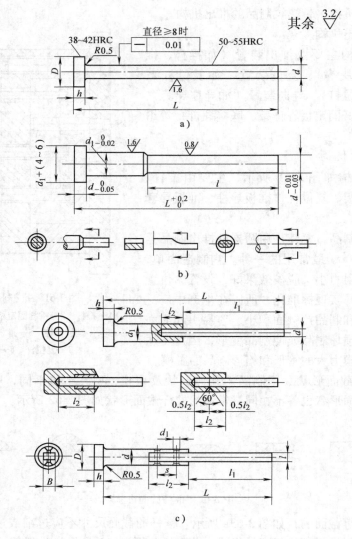

图 3-63　推杆形状

a）标准推杆　b）台阶形细长推杆　c）组合结构推杆

1）推杆应尽量短，但在推出时，必须将制品推出型芯（或型腔），并高于型芯（或型腔）顶面 5～10mm。注射成型时，推杆端面应高出型芯、型腔表面 0.05～0.1mm，否则会影响制品的使用。

2）推杆与其配合孔一般采用 H9/f9 的配合并保证一定的同轴度，使其在推出过程中不卡滞，配合长度通常取推杆直径的 1.5～2 倍，通常不小于 12mm。

3）推杆通过模具成型零件的位置，应避开冷却通道。

4）在确保制品质量与顺利脱模的前提下，推杆数量不宜过多，以简化模具和减少对制品表面质量的影响。

2. 推管推出机构

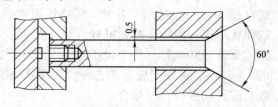

图 3-64　锥面推杆

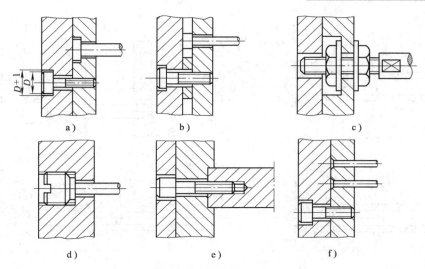

图 3-65　推杆的固定形式

a）常见固定形式　b）用垫圈代替固定板的沉头孔　c）用螺母拉紧推杆
d）用紧定螺钉顶紧推杆　e）用螺钉紧固推杆　f）铆接式

中心带孔的圆筒形制品或局部是圆筒形的制品，可用推管推出机构进行脱模。推管如图 3-66 所示，外形多为圆柱形，推管中空，用来套在型芯上。推管推出机构和推杆推出机构的运动方式基本相同，如图 3-67 所示，其中，用销或键固定型芯（图 3-67a），推管中部开有槽，槽在销的下方长度 $l$ 应大于推出的距离。其特点是型芯较短，模具结构紧凑，但型芯紧固力小，而且要求推管与型芯和凹模板间的配合精度较高（IT7），适用于型芯直径较大的模具；型芯的台肩固定在模具动模座板上（图 3-67b），型芯较长，但结构可靠，多用于推出距离不大的场合；推管在凹模板内移动（图 3-67c），可缩短推管和型芯的长度，但凹模板厚度增加；扇形推管（实质上是三根扇形推杆的组合）（图 3-67d），这种结构也具有图 3-67c 所示形式的优点，但推管制造麻烦，强度较低，容易损坏。

图 3-66　推管的形状

推管推出机构推出工作均衡、可靠，且在制品上不留任何痕迹。但成型软质塑料如聚乙烯、软聚氯乙烯等制品时，不宜采用单一的推管脱模，尤其是成型一些薄壁深筒形制品时，通常要采用联合推出机构才能达到理想效果。联合推出机构是指对同一制品采用多种不同推出零件一起推出的机构。

3. 推件板推出机构

推件板又称脱模板。深腔薄壁的容器、罩子、壳体形及透明制品等不允许有推杆痕迹的制品都可采用推件板推出机构。推件板推出机构如图 3-68 所示，其中，图 3-68a 所示为推件板借助动、定模的导柱导向；图 3-68b 表示推件板由定距螺钉拉住，以防脱落；图 3-68c 所示为推件板镶入动模板内，模具结构紧凑，推件板上的斜面是为了在合模时便于推件板的复位；图 3-68d 所示是利用注射机两侧顶杆推动推件板的形式，模具结构简单，但推件板要适当增大和增厚；图 3-68e 表示定距螺钉的安装与图 3-68b 所示相反，这样可省去推板。

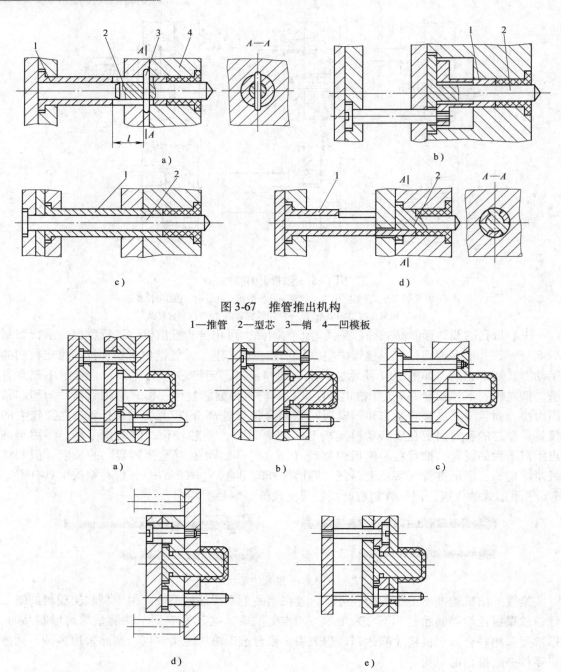

图 3-67　推管推出机构
1—推管　2—型芯　3—销　4—凹模板

图 3-68　推件板推出机构

　　推件板推出机构不必另设复位机构，在合模过程中，推件板依靠合模力的作用而复位。这种机构的特点是在制品的整个周边进行推出，因而脱模力大且均匀，运动平稳，无明显推出痕迹。

　　推件板推出机构在使用过程中要处理好两个关键问题，即推件板和型芯之间摩擦与咬合和推件板与型芯间隙中的溢料问题。推件板与型芯表面摩擦拉毛之后，既影响了制品的表面粗糙度，又造成制品脱模困难，所以，应根据制品的形状和尺寸正确设计推件板与型芯的配合形式及配合间隙。常用的配合形式如图 3-69 所示，其中图 3-69a 所示的配合间隙可适当放大，两者接触面摩擦机会少，加工又方便，适用于制品高度尺寸小，并有一定脱模斜度，塑料流动性较差的场合；图 3-69b 所示用于推出壁厚较大的制品，推件板在制品推出过程中与型芯不接触，不可能磨损和拉毛，其配合锥度还起到辅助定位作用；图 3-69c 所示为推件板与型芯采用锥面接触，其优点与锥形推杆相同，因配合对中性好，成型时不会产生飞边，适用于流动性好的塑料；当制品脱模斜度很小而高度又大，无法使用这种形式时，可采用如图3-69d 所示的结构形式。

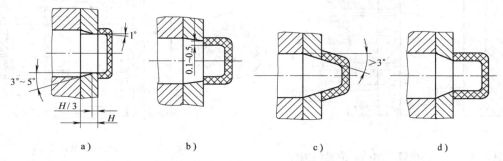

图 3-69　推件板与型芯的配合形式

### 4. 推块推出机构

对于平板状带凸缘的制品，表面不允许有推杆痕迹，且平面度要求较高，如用推件板脱模会粘附模具时，则可使用推件块推出机构，如图 3-70 所示，推块是型腔的组成部分，因此，应有较高的硬度和较小表面的粗糙度值，与型芯和型腔的配合精度高，要求滑动灵活，又不允许溢料。推块的复位一般依靠复位杆来实现，但图 3-70a 中推块的复位却靠主流道中熔体压力来实现的。

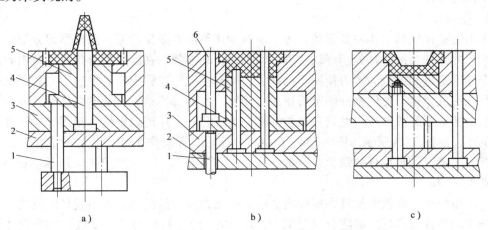

图 3-70　推块推出机构

1—联接推杆　2—支承板　3—型芯固定板　4—型芯　5—推块　6—复位杆

### 5. 活动镶块或凹模推出机构

有一些制品限于结构形状和所用材料（如透明度较高），不能采用推杆、推管推件板等推出机构脱模时，可用成型镶块或凹模带出塑料制品的推出机构脱模。如图 3-71 所示，制品脱出型芯后还要用手工将制品从凹模内取出。

　　6. 联合推出机构

　　复杂制品成型时，往往需要几种推出元件同时使用。采用推杆和推块联合推出机构如图3-72所示，推出时，成型推杆与推块同时起推出作用，这样可避免制品的变形和损坏。这种脱模方式对具有多个小孔的平板形制品较为有利。

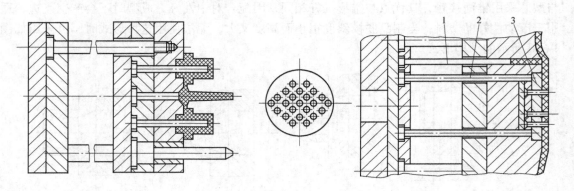

图 3-71　利用凹模带出制品的推出机构　　　　　图 3-72　推杆、推块联合推出机构
1—成型推杆　2—推杆　3—推块

　　推杆还可与推管联合推出制品。联合推出机构的优点是推出平稳、可靠，推出力大，但结构复杂。带螺纹型芯和螺纹型环的模具，可将螺纹型芯与螺纹型环与制品一起推出，然后用简单机械把螺纹型芯与螺纹型环与制品分开。

　　**三、推出机构的辅助零件**

　　为了保证制品顺利脱模和推出机构各部分运动灵活，以及推出元件的可靠复位，还应有辅助零件配合作用。

　　1. 导向零件

　　推出装置在模具中作往复运动，为了使其动作灵活并减少摩擦，除成型部分与模具采用间隙配合外，其余部分都处于浮动状态，即与模板不接触。在卧式和直角式注射机的注射模中，推杆固定板和推板的重力作用于推杆上，同时在推出过程中制品推出阻力和顶出杆的作用力可能形成力矩，致使推杆固定板扭曲、倾斜，这些都使推杆承受横向负荷，可能导致推杆变形，甚至断裂或卡死，尤其是细长推杆。为了防止上述现象发生，常用导向零件来承受上述负荷，如图3-73所示。图3-73a、b中的导柱除起导向作用外，还起支承作用，以增强支承板的刚度。模具推杆数量少、产量不大时，可不设导套，如图3-73a所示。图3-73c不能起支承作用。

　　对于体积小，推板和推杆固定板质量轻，推出力对称的模具，可不设导向机构，但此时复位杆与动模板需采用间隙配合（常取 H7/f9 的配合），有时为了让复位杆起导向作用，可将复位杆直径加大。

　　2. 复位零件

　　在推出机构完成制品脱模后，为了继续注射成型，推出机构必须回到原来位置。为此，除推件板脱模外，其他脱模形式一般均需要设置复位零件。

　　（1）复位杆　复位杆的作用是使已完成推出制品任务的推杆回到注射成型状态的位置。

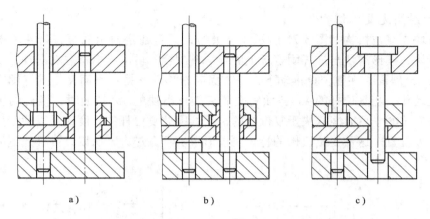

图 3-73　推出机构的导向零件

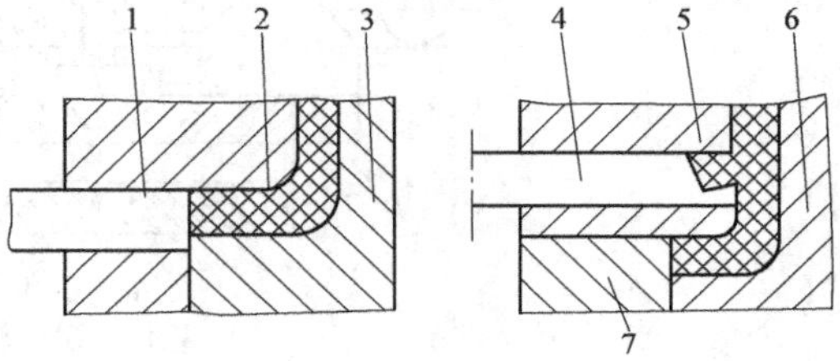

复位杆在结构上与推杆相似，所不同的是它与模板的配合间隙较大，同时复位杆顶面不应高出分型面。

（2）推杆的兼用形式　在制品的几何形状和模具结构允许的情况下，可利用推杆使推出装置复位。推杆与复位杆兼用的形式如图3-74a所示。拉料杆兼作推杆用的形式如图3-74b所示，开模时，利用拉料杆将制品拉在动模一侧，然后，再利用拉料杆把制品从型芯上脱出。合模时拉料杆与推件板一起复位。

图 3-74　推杆的兼用形式
a）推杆与复位杆兼用的形式
b）拉料杆兼作推杆用的形式
1—推杆　2、5—型芯　3、6—凹模
4—拉料钩　7—推件板

**四、先复位机构**

在推出机构中，推出元件有时不先复位会造成放置嵌件不便，或出现与侧型芯的干涉现象。为了便于操作或抽芯与推出动作的协调，如在可能的范围内加大斜导柱角度，仍不能避免干涉时，就需采用先复位机构。

**1. 弹簧复位机构**

利用弹簧力使推出机构复位如图 3-75 所示。其中，图 3-75a 所示是弹簧的内孔装一定位杆或把弹簧套在复位杆上，以免工作时弹簧偏移；图 3-75b 所示是当推杆周围的空间位置允许时，将弹簧直接套在推杆上。弹簧复位方式结构简单，但须注意弹力要足够，一旦弹簧失效，要及时更换。

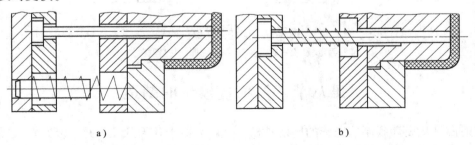

图 3-75　弹簧先复位机构

## 2. 楔形滑块先复位机构

楔形滑块先复位机构如图3-76所示,合模时,固定在定模上的复位杆4(楔形杆)先碰到楔形滑块,楔形滑块与推杆固定板上的导滑槽配合,可沿导滑槽左右滑动。由于楔形滑块两面均为45°斜面,在复位杆推动下,一方面向右移动,另一方面又使推杆固定板连同推杆产生复位动作,当复位杆的45°斜面完全脱离楔形滑块的45°斜面时,推杆的复位动作即结束。推杆复位的先后时间取决于复位杆的长度,因此复位杆的长度应足以使产生干涉的推杆先退出干涉位置。这种复位机构的特点是楔形滑块不宜过大,所以,推杆先退回的行程较小。

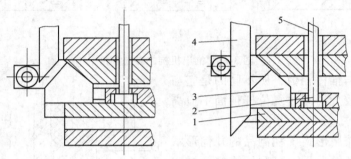

图 3-76 楔形滑块先复位机构
1—推板 2—推杆固定板 3—楔形滑块
4—复位杆 5—推杆

## 3. 摆杆先复位机构

摆杆先复位机构如图3-77所示,其先复位原理与楔形滑块先复位机构相同,所不同的是以摆杆代替楔形滑块的作用。摆杆的一端(上端)以铰链形式固定在支承板上,可绕固定点摆动。这种结构形式的优点是推杆复位行程较大,摆杆越长,推杆复位行程越大,而且摆杆端部装有滚轮,动作灵活,摩擦力小,在生产中常采用这种结构形式。

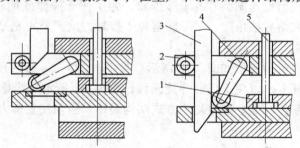

图 3-77 摆杆先复位机构
1—推杆固定板 2—支承板 3—复位杆 4—摆杆 5—推杆

# 第八节 注射模模架的制造

注射模具从设计到制造完毕的周期较长,一般需要十几天到几个月,复杂模具需要的周期更长。为了减少模具设计和制造的工作量,缩短模具设计制造周期,缩短生产准备时间,降低成本,必须实现模具的标准化,注射模模架便是其标准件之一。

我国现行的塑料注射模模架标准共有两种，即塑料注射模中小型模架和塑料注射模大型模架。两种标准模架的区别主要在于它们的结构形式和适用范围。中小型标准模架的模板尺寸 B×L（宽×长）≤500mm×900mm，而大型标准模架的模板尺寸 B×L 为 630mm×630mm～1250mm×2000mm。

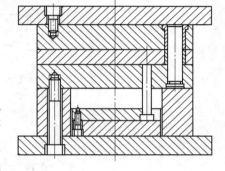

图 3-78　注射模模架

### 一、注射模模架的组成

注射模模架一般由合模导向装置、支承零件及推出机构组成，如图 3-78 所示。导向装置主要包括导柱、导套等零件；支承零件主要包括模座、垫板、固定板等零件。注射模模架的主要作用是把模具的其他零件连接起来，并保证模具的工作部分在工作时具有正确的相对位置。

### 二、注射模模架的技术要求

模架是用来安装或支承成型零件和其他结构零件的基础，同时还要保证动、定模上有关零件的准确对合，避免模具零件间的干涉，因此，模架组合后其安装基准面应保持平行，导柱、导套和复位杆等零件装配后要运动灵活、无阻滞现象。中小型模架分级指标见表 3-4。

表 3-4　中小型模架分级指标

| 序号 | 检查项目 | 主参数/mm | | 精度分级 | | |
| --- | --- | --- | --- | --- | --- | --- |
| | | | | I | II | III |
| | | | | 公差等级 | | |
| 1 | 定模座板的上平面对动模座板的下平面的平行度 | 周界 | ≤400 | 5 | 6 | 7 |
| | | | 400～900 | 6 | 7 | 8 |
| 2 | 模板导柱孔与定模座板上平面和动模座板下平面的垂直度 | 厚度 | ≤200 | 4 | 5 | 6 |

模具主要分型面闭合时的贴合间隙值应符合下列要求：

I 级精度摸架：0.02mm；

II 级精度摸架：0.03mm；

III 级精度模架：0.04mm。

### 三、模架零件的加工

1. 合模导向零件的加工

合模导向零件主要起定位导向的作用，它主要由导柱、导套等零件组成。

（1）导柱的结构形式　常见的台阶式导柱有带头的和带肩的两类，如图 3-79 所示。带头导柱（图 3-79a）一般用于简单模具，带肩导柱（图 3-79b、c）一般用于大型或精度要求高、生产批量大的模具。台阶式导柱与导套的配合形式如图 3-80 所示。根据实际需要，导柱的导滑部分可以加工出油槽。

（2）导套的结构形式　导套的主要结构形式如图 3-81 所示，有直导套和带头导套。直导套（图 3-81a）结构简单，制造方便，用于小型简单模具。其固定方法如图 3-82a、b、c 所示。带头导套（图 3-81b、c）结构较复杂，主要用于精度较高的大型模具。对于大型注射模具，为防止导套被拔出，导套头部安装方法如图 3-82c 所示。如果导套头部无垫板时，则应在头部加装盖板，如图 3-82d 的所示。在实际生产中，可根据需要，在导套的导滑部分开设油槽。

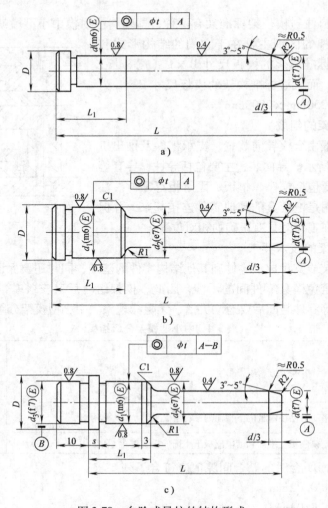

图 3-79 台阶式导柱的结构形式

a) 带头导柱　b) 带肩导柱（Ⅰ型）　c) 带肩导柱（Ⅱ型）

（3）导柱和导套的加工　导柱和导套是机械加工中常见的轴类和套类零件，构成其基本表面是回转体表面，因此，对其加工主要进行内、外圆柱面的加工。

为提高导柱、导套的硬度和耐磨性并保持较好的韧性，导柱和导套一般选用低碳钢（20 钢）进行渗碳、淬火等热处理工艺，也可选用碳素工具钢（T10A）淬火处理，淬火硬度 58～62HRC。其毛坯可以直接选用适当尺寸的热轧圆钢。

加工导柱时，外圆柱面的车削和磨削都以两端的中心孔定位，这样既可使外圆柱面的设计基准与工艺基准重合，又可使各主要工序的定位基准统一，保证了外圆柱面间的位置精度，并使各磨削表面都有均匀的磨削余量。由于要用中心孔定位，所以应首先加工中心孔。中心孔的形状精度和同轴度直接影响加工质量，特别是加工高精度的导柱，保证中心孔与顶尖之间的良好配合尤为重要。导柱在热处理后应修正中心孔，目的是消除中心孔在热处理过程中可能产生的变形和其他缺陷，使磨削外圆柱面时能获得精确定位，以保证外圆柱面的形状和位置精度要求。修正中心孔可以采用研磨和挤压等方法，可在车床、钻床或专用机床上进行。

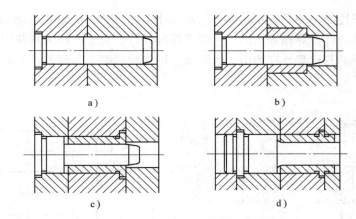

图 3-80　台阶式导柱与导套的配合形式
a）带头导柱直接与模板导向孔配合　b）带头导柱与导套配合
c）带肩导柱与导套配合
d）带肩导柱（Ⅱ型）分别固定在两块模板上

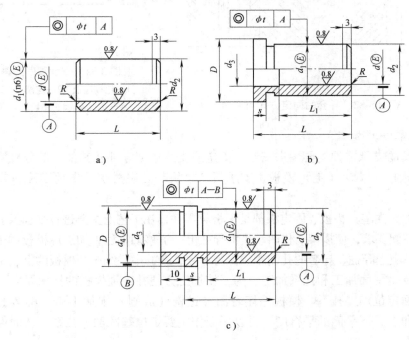

图 3-81　导套的结构形式
a）直导套　b）带头导套（Ⅰ型）　c）带头导套（Ⅱ型）

　　导套磨削时要正确选择定位基准，以保证内、外圆柱面的同轴度要求。工件热处理后，在万能外圆磨床上，利用三爪自定心卡盘夹住非配合外圆柱面，一次装夹后磨出内、外圆柱面。大批量生产时，可以先磨好内孔，再将导套装在专门设计和制造的具有高精度的锥度心轴（锥度 1/1000 ~ 1/5000）上，以心轴两端的中心孔定位，借助心轴和导套间的摩擦力带动工件旋转磨削外圆柱面，也能获得较高的同轴度。

　　为了进一步提高被加工表面的质量，以达到设计要求，有时还需对导柱和导套的配合面进行研磨加工。大批量生产（如专门从事模架生产）时，可以在专用研磨机床上研磨，单件小批生产时可采用简单的研磨工具在普通车床上进行研磨。研磨时将导柱安装在车床上，由车床主轴带动其旋转，导柱表面涂上一层研磨剂，然后套上研磨工具并用手握住，作轴向往复运动。研磨导套与研磨导柱类似，由车床主轴带动研磨工具旋转，手握导套，作轴向往复直线运动。

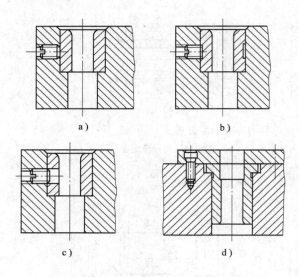

a)　　　　　　　b)

c)　　　　　　　d)

图 3-82　导套的固定方式

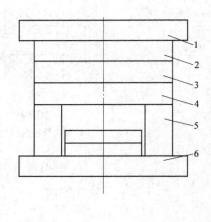

图 3-83　支承零件的典型组合
1—定模座板　2—定模板　3—动模板
4—支承板　5—垫块　6—动模座板

### 2. 支承零件的加工

注射模具的支承零件主要用来安装、固定或支承成型零件及其他各部分机构的零件，包括动（定）模座板、动（定）模板、支承板、垫块等。注射模具支承零件的典型组合如图3-83所示。

支承零件如模座、垫板、固定板都是平板类零件，在工艺上主要进行平面及孔系加工。为保证模架的装配要求，使模架工作时动模沿导柱上、下移动牢稳，加工后模板的上、下平面应保持平行，模板上导柱、导套的孔间距应保持一致；孔的中心线应与模板的上、下平面垂直。

模座主要是平面加工和孔系加工。为了使加工方便并保证模板的技术要求，应先加工平面，再以平面定位加工孔系。模板毛坯表面经过铣（或刨）削加工后，再磨上、下平面以提高平面度和上、下平面的平行度，再以平面作主要定位基准加工孔系，从而保证孔加工的垂直度要求。

模板的孔系加工，根据加工要求和生产条件，可以在专用镗床（批量较大时）、坐标镗床上进行；也可以在铣床或摇臂钻等机床上采用坐标法或利用引导元件进行。为了保证模板上导套、导柱的孔间距离一致，镗孔时常将模板尽量重叠在一起，一次装夹同时镗出导套和导柱的安装孔，也可利用加工中心采用相同的坐标程序分别完成模板孔系的钻、扩、铰或镗孔工序。

### 四、模架的装配

模架的装配工作主要是导柱导套的装配，复位机构的装配以及模板、模座的联接。

### 1. 导柱导套的装配

导柱导套与模板之间一般采用过盈配合。装配时可采用手动压力机将导柱轻轻压入动模板的导柱孔，将导套轻轻压入定模板的导套孔，并保证导柱导套之间能平稳移动。

2. 复位机构的装配

标准模架一般都装有复位杆等复位机构，复位杆与固定板一般采用过渡配合。装配时可在手动压力机上将复位杆轻轻压入固定板安装孔中，或用木质（软金属）锤轻轻敲入固定板安装孔中，并保证复位杆在导向孔中能平稳移动。

3. 模座的装配

模座装配比较简单，主要是用螺钉将装有导套的定模板与定模座板联接起来，然后将复位机构装入动模板，再用螺钉将动模板与动模座板（模脚）联接起来。

装配好的模架应保证定模座板与动模座板安装平面之间的平行度要求以及动、定板之间分型面的贴合，并符合相应精度等级模架的技术要求。

# 第九节　注射模具的装配与试模

注射模具的装配是按照设计要求，将模具零件按一定顺序连接或固定起来，达到一定的装配技术要求，并保证加工出合格产品的过程。在模具装配前，要仔细研究模具图样，按照模具的结构和技术要求，确定合理的装配基准、装配顺序及装配方法。

一、注射模的装配基准

1. 以注射模具中的主要零件为装配基准

在这种情况下，不是先加工定模和动模的导柱及导套孔，而是先加工型腔和型芯镶件，然后将它们装入定模和动模内，在型腔和型芯之间以垫片法或工艺定位法来保证壁厚。定模和动模合模后用平行夹板夹紧，再镗制导柱和导套孔，最后安装定模和动模上的其他零件。这种情况适用于大、中型模具。

2. 以模板相邻两侧面为基准装配

将已有导向机构的定模和动模合模后，磨削模板相邻两侧面呈90°，然后以侧面为装配基准分别安装定模和动模上的其他零件。

二、组件装配

1. 主流道衬套的装配

主流道衬套与定模板的装配一般采用过盈配合（H7/m6），要求装配后主流道衬套与模板配合孔紧密、无缝隙，主流道衬套和模板孔的定位台肩应紧密贴实。装配后主流道衬套要高出模板上平面0.02mm，如图3-84a所示。台肩相对于定模板的高出量为0.02mm，可由零件的加工精度保证。为了达到以上装配要求，主流道衬套的压入外表面不允许设置压入斜度，可在模板上主流道衬套配合孔的入口处开设导入斜度。

在装配时，将主流道衬套压入模板孔，使预留余量H凸出模板之外。在平面磨床上磨削预留余量，如图3-84b所示，并使主流道衬套高出模板0.02mm，如图3-84c所示。

2. 型芯的装配

（1）中、小型芯的装配（图3-85）

1）过渡配合装配如图3-85a所示，其装配方式是将型芯压入固定板。在压入过程中，要注意校正型芯的垂直度以防止型芯切坏孔壁使固定板变形。小型芯被压入后应在平面磨床上用等高垫块支撑磨平底面。此种固定方式应用较广泛。

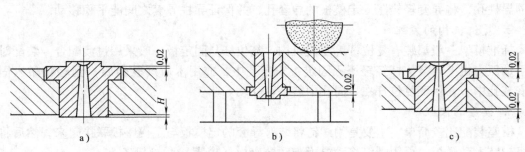

图 3-84　主流道衬套的装配

a）压入后的主流道衬套　b）修磨主流道衬套　c）装配好的主流道衬套

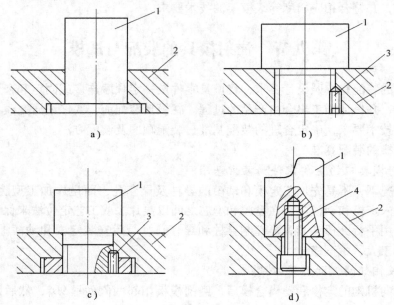

图 3-85　中、小型芯的装配方式

a）过渡配合装配　b）螺纹装配　c）螺母紧固装配　d）螺钉紧固装配

1—型芯　2—固定板　3—骑缝螺钉　4—螺钉

2）螺纹装配如图 3-85b 所示，装配时先将型芯拧紧后，再钻骑缝螺纹孔并用骑缝螺钉定位，同时防止型芯松动。

螺纹装配方式在螺纹拧紧后会给某些有方向性要求的型芯实际位置与理想位置之间造成误差，如图 3-86 所示，型芯的位置误差可通过修磨平面 $a$ 或 $b$ 来消除。其修磨量 $\Delta$ 可按下式计算：

$$\Delta = \frac{P\alpha}{360°}$$

式中　$\alpha$——理想位置与实际位置之间的夹角（°）；

$P$——联接螺纹螺距（mm）。

3）螺母紧固装配如图 3-85c 所示，型芯连接段采用 H7/k6 或 H7/m6 与固定板孔配合定位，装配时只需按设计要求将型芯调整到正确位置，用螺母紧固后钻骑缝螺纹孔并用骑缝螺钉定位。可见，螺母固定方式简化了装配过程，方便安装有方向要求的型芯，适用于固定外形为任何形状的型芯，也适用于在固定板上同时固定多个型芯。

4）螺钉紧固装配如图 3-85d 所示，型芯和固定板采用 H7/h6 或 H7/m6 配合，装配时将型芯压入固定板，经校正合格后用螺钉紧固。在压入前，应将型芯压入端的棱边修磨成小圆弧，以免切坏固定板孔壁而失去定位精度。

（2）大型芯的装配　大型芯与固定板装配时，为了便于调整型芯和凹模的相对位置，减少机械加工量，对面积较大而高度较低的型芯一般采用螺钉和销钉固定方式，如图 3-87 所示。大型芯与固定板的装配如图 3-88 所示，其装配步骤如下：

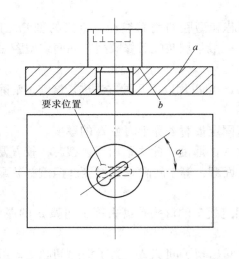

图 3-86　型芯的位置误差

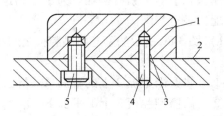

图 3-87　大型芯的固定方式
1—型芯　2—固定板　3—定位销套
4—定位销　5—螺钉

1）在加工好的型芯 1 上压入实心的定位销套 3。

2）在型芯螺纹孔口部抹红丹粉，根据型芯在固定板 2 上的要求位置，用平行夹板 5 将定位块 4 夹紧在固定板 2 上，将型芯 1 靠紧定位块 4 并与固定板 2 合拢。将型芯 1 上的螺钉孔位置复印到固定板上，取下型芯，在固定板上钻出螺钉过孔及锪沉头孔。

3）调整型芯的位置，用螺钉将型芯初步固定。

4）在固定板的背面划出销孔位置并与型芯一起钻、铰销钉孔，压入销钉。

3. 凹模的装配及修整

（1）凹模的装配　注射模具的型腔多采用镶嵌式或拼块式。在装配后要求动、定模板的分型面接合紧密、无缝隙，而且同模板平面一致。

1）装配镶嵌式凹模的注意事项。

① 型腔压入端一般不设压入斜度，而将压入斜度设在模板孔入口处。

② 对有方向性要求的凹模，为了保证其位置要求，一般先压入一小部分，借助型腔的

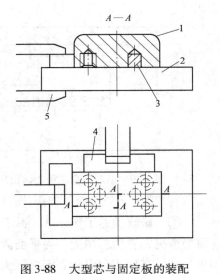

图 3-88　大型芯与固定板的装配
1—型芯　2—固定板　3—定位销套
4—定位块　5—平行夹板

平面部分用百分表校正位置。经校正合格后，再压入模板。为了装配方便，型腔与模板之间应保持 0.01~0.02mm 的配合间隙。型腔装配后，找正位置并用定位销固定。最后将上下两端面在平面磨床上一起磨平。

2）装配拼块式凹模的注意事项。

① 拼块式凹模在装配压入过程中，为防止拼块在压入方向上错位，常在施压端垫一块平垫板，通过平垫板将各拼块一起压入模板。

② 一般拼块的拼合面在热处理后要进行磨削加工，以保证拼合后紧密无缝隙。拼块两端应留余量，装配后同模板一起在平面磨床上磨平。

（2）凹模的修配　注射模具装配后，部分型芯和型腔的表面或动、定模的型芯之间，在合模状态下要求紧密接触。为了达到这一要求，一般采用装配后修磨型芯端面或型腔端面的修配法进行修磨。

1）图 3-89 所示的型芯与型腔板之间出现缝隙 Δ，可以用以下几种方法进行修整，消除间隙 Δ。

① 修磨固定板 2 上的平面 A。拆去型芯，将固定板磨去等于间隙 Δ 的厚度。

② 修磨型腔板 3 上的平面 B。磨去等于间隙 Δ 的厚度。此法不用拆去型芯，较方便。

③ 修磨型芯 1 的台肩面 C。拆去型芯，将 C 面磨去等于间隙 Δ 的厚度。但重新装配后需将固定板 D 面与型芯一起磨平。

④ 修磨固定板 2 的沉头孔。拆开型芯，将固定板 2 的沉头孔磨去等于间隙 Δ 的厚度。但重新装配后需将固定板的 D 面与型芯一起磨平。

2）图 3-90 中，装配后型芯固定板与型腔板之间出现了间隙 Δ。为了消除间隙 Δ，可采用以下修配方法。

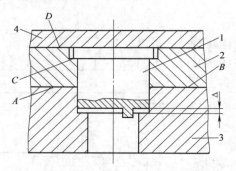 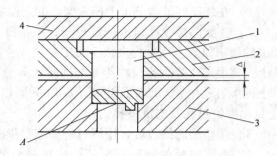

图 3-89　型芯与型腔板之间出现缝隙　　　　　图 3-90　型芯与型腔板之间出现缝隙

1—型芯　2—固定板　3—型腔板　4—垫板　　　1—型芯　2—固定板　3—型腔板　4—垫板

① 修磨型芯工作面 A。拆下型芯，将其端面磨掉 Δ。此方法主要适用于型芯端面为平面的情况，若型芯端面不为平面需借助其它加工设备（如线切割机床）进行修配。

② 在型芯台肩和固定板沉头孔之间垫入厚度等于间隙为 Δ 的垫片，再一起磨平固定板和型芯端面。此法只适用于小型模具。

③ 在型腔板上表面与固定板下表面之间增加垫板（当垫板厚度小于 2mm 时不适用）。这种修配方法一般适用于大中型模具。

4. 导柱、导套的装配

导柱、导套是模具合模和开模的导向装置，分别安装在注射模具的动、定模部分。装配后，要求导柱、导套垂直于模板平面并达到设计要求的配合精度，具有良好的导向定位作用。一般多采用压入法装配。

较短的导柱可以直接将其压入固定板，较长导柱的装配一般应先装配好导套，再以导套导向压入模板孔，如图3-91所示。装配导套时，可以借助压块将其压入固定板。

导柱、导套装配后，应保证动模板在开、合模时滑动灵活，无卡阻现象。如果运动不灵活，有阻滞现象，可用红丹粉涂于导柱表面并往复拉动，观察阻滞部位，分析原因后重新装配。装配时，应先装配距离最远的两根导柱，合格后再装配其余两根导柱。每装入一根导柱，都要进行上述观察，合格后再装下一根导柱，这样便于分析、判断不合格的原因，以便及时修正。

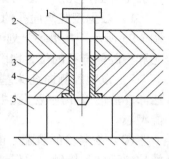

图3-91 长导柱的装配
1—导柱 2—固定板 3—定模板
4—导套 5—等高垫块

5. 推出机构的装配

注射模具的推出机构一般是由推板、推杆固定板、推杆、复位杆和导柱导套等零件组成，如图3-92所示。

（1）推出机构的装配技术要求

1）装配后应运动灵活，无卡阻现象。

2）推杆在推杆固定板孔内每边都应有0.5mm的间隙。

3）推杆工作端面应高出型面0.05～0.10mm。

4）完成推出制品后，推杆应能在合模后回到原始位置。

（2）推出机构的装配步骤

1）先将导柱垂直压入支承板9并将其端面与支承板一起磨平，合上动模板10与凹模镶块11的组件。

2）将装有导套4的推杆固定板7套装在导柱上，并将推杆8、复位杆2穿入推杆固定板7、支承板9和凹模镶块11的配合孔中，合上顶板6用螺钉拧紧。调整后使推杆、复位杆能灵活运动。

3）修磨推杆和复位杆的长度。若推板6和垫圈3相接触时复位杆、推杆低于型面，则应修磨导柱的台

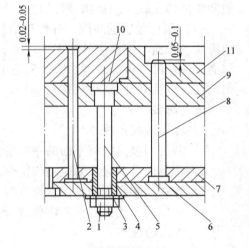

图3-92 推出机构
1—螺母 2—复位杆 3—垫圈 4—导套
5—导柱 6—顶板 7—顶杆固定板 8—顶杆
9—支承板 10—动模板 11—凹模镶块

肩和支承板的上平面；若顶杆、复位杆高于型面，则可修磨推板6的底面或推杆和复位杆，修磨后应使复位杆低于型面0.02～0.05mm，推杆应高于型面0.05～0.10mm，顶杆、复位杆顶端可以倒角。

6. 滑块抽芯机构的装配

滑块抽芯机构是在模具开模后、制品被顶出之前，先行抽出侧向型芯的机构。滑块抽芯机构装配后，应保证型芯与凹模达到所要求的配合间隙，滑块运动要灵活、有足够的行程和正确的起始位置。

（1）侧向型芯的装配　侧向型芯的装配通常以凹模的侧向孔为基准进行，因此，侧向型芯的装配需在凹模装配之后进行。装配前应以凹模侧向孔的位置为基准加工滑块上的型芯固定孔。一般可采取以下两种方式：

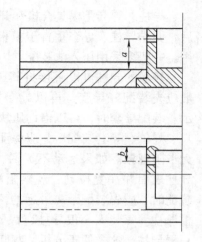

图 3-93　侧向型芯的装配

1）根据型腔侧向孔的中心位置测量出尺寸 $a$ 和 $b$，如图 3-93 所示，在滑块上划线，加工出型芯固定孔并保证型芯和型腔侧向孔的位置精度，最后装配型芯。

2）以型腔侧向孔为基准，利用压印工具对滑块端面压印，然后以印迹找正孔中心，钻镗型芯固定孔，最后装配型芯。

（2）楔紧块的装配　模具闭合时，楔紧块斜面必须和滑块斜面均匀接触，并保证有足够的锁紧力。为此，装配时要求模具在闭合状态下，滑块与分型面之间应保留 0.2mm 的间隙，间隙的大小由修磨滑块斜面预留的修磨量来保证。楔紧块在受力状态下不能向闭模方向松动，所以其后端面应与定模板处于同一平面。

（3）斜导柱的装配　模板及滑块上的斜导柱孔可在模具安装时利用专用夹具装夹加工，或利用回转主轴头的机床进行加工，然后在模板上压入斜导柱。

（4）限位装置的装配　开模后滑块定位的正确位置由限位装置决定。设计模具时一般使滑块后端面与定模板外形齐平，由于加工中的误差而使两者不处于同一平面时，可按需要修磨定位块的限位面。滑块限位采用用滚珠、弹簧时，一般在装配时需在滑块上配钻滚珠定位锥孔，以达到准确定位目的。

### 三、总装

1. 总装的技术要求

1）装配后模具安装平面的平行度误差不大于 0.05mm。

2）模具闭合后分型面应均匀密合。

3）导柱、导套滑动灵活，推件时推杆和卸料板动作必须保持同步。

4）合模后，动模部分和定模部分的型芯必须紧密接触。

2. 总装的过程

1）确定装配基准。

2）装配前要对零件进行测量，合格零件必须去磁并将零件擦拭干净。

3）调整各零件组合后的累积尺寸误差，如各模块的平行度要校验修磨，以保证模板组装密合；分型面处吻合面积不得小于 80%，间隙不得超过溢料量极小值，以防止产生飞边。

4）装配时要尽量保持原加工尺寸的基准面，以便总装合模调整时检查。

5）根据装配图样，装配模具定模部分。注意修配主流道衬套及镶块。

6）根据装配图样，装配模具动模部分，注意修配镶块、推杆及复位杆的尺寸，并使推出机构运动灵活。

7）组装冷却或加热系统。保证管路畅通，不漏水，不漏电，阀门动作灵活。

8）组装液压或气动系统。保证运行正常。

9）紧固所有联接螺钉，装配定位销。

10）总装。将动、定模合模，检查分型面应是否均匀密合，导柱、导套是否滑动灵活。

11）装配各种配件、附件及起重吊环等零件，以保证模具装备齐全。

12）试模。试模合格后打上模具标记，如模具编号、合模标记及组装基准面等。

**四、试模**

模具加工装配后，交付使用前，都应进行试模。试模的目的：① 检验模具设计、制造的合理性；② 确定正确的成型工艺条件。因此，认真的进行试模并积累经验，对模具设计和制订成型工艺条件都是十分重要的。试模人员必须具备成型设备、原料性能、工艺方法以及模具结构等方面的知识。

1. 装模

（1）模具预检　模具安装之前，要预先进行检查。检查内容包括模具外形尺寸、模具定位圈尺寸、主流道衬套小端直径及凹坑球面半径等是否与注射机匹配，流道及成型零件表面是否光洁，有无损伤，吊环、加热或冷却装置是否齐全等。固定模板和移动模板分开检查时要注意方向记号，防止合模时错位。如果检查结果不符合要求，应立即通知返修。

（2）装模　对于卧式注射机，用起重设备吊装模具时，一般是将模具从上方吊入注射机固定模板与移动模板之间。有些模具，受外形尺寸的限制，只能从注射机的侧面水平进入四根拉杆之间，这时应在下面的两根拉杆上垫以木板，以免模具和拉杆碰撞摩擦。

模具安装有两种方法：① 整体安装，即将模具动定模合在一起，吊入注射机；② 分体安装，即把定模和动模分开，先将定模装在注射机固定模板上，然后再利用模具上的导向装置导向，将动模装到定模上。上述两种方法中，前者较简便安全，采用比较普遍。

采用整体安装法时，将模具整体吊入注射机固定模板和移动模板之间，使模具的定位圈和固定模板上的定位孔相吻合。用极慢的速度闭模，靠移动模板的推力，使模具定位圈插入固定模板的定位孔中。如果不吻合，切勿强制合模，可稍微开模，将模具适当调整后再闭模。然后分别将定、动模固定在注射机模板上。模具安装所用压紧板的数量，视模具大小而定，中、小型模具的动、定模两边各用二至四块，大型模具的动、定模两边各四至八块。压紧螺钉应尽量靠近模具模脚。螺钉旋入模板的深度至少为螺钉直径的1.5倍。厚度较小的模具，要注意避免动模和定模边的压紧螺钉对碰，在无法避让时，可将压紧螺钉位置相互交错。

带侧向分型抽芯机构的模具，在卧式注射机上安装时，一定要注意模具的安装方位，应使模具的安装方位与设计方位一致，保证滑块定位装置的可靠性。

（3）模具顶出距离校验　校验模具顶出距离时，要调整移模节流阀（调速阀）手柄或调整按钮，使移动模板慢速后移。此时，注意模具推板的移动情况，直到移动模板停止后退时，推板和支承板之间应留有至少5mm的间隙（对于装有复位弹簧的推板，要留有弹簧被压缩后所占的距离），以防损坏模具，并保证制件顶出。

（4）锁模力的调节　为了防止产生溢料并保证模具的排气，装模时，锁模力的调节很重要。对有锁模力显示的设备，可根据制品的物料性质、形状复杂程度、流长比的大小等选择合适的锁模力进行试模。对无锁模力显示的设备主要以目测和经验调节。如液压—肘杆式锁模机构，在合模时肘节应先快后慢。对需要加热的模具，应在模具加热到所需温度后，再校正合模的松紧程度。

（5）接通冷却管路　当模具有冷却或加热系统时，应接通冷却管路，将模温调至成型所需温度。侧向分型抽芯采用液压装置时，应分别接通并检验。

2．试模

1）试模前，必须对设备的油路、水路和电路进行检查，并按规定保养设备，作好开机前的准备。

2）根据推荐的工艺参数将料筒和喷嘴加热。由于制件大小、形状和壁厚的不同，设备上热电偶位置的深度和温度表的误差也各有差异。判断料筒和喷嘴温度是否合适的最好办法，是在喷嘴和主流道脱开的情况下，用较低的注射压力，使塑料自喷嘴中缓慢地流出，如果料流光滑明亮，无硬块、气泡、银丝，无变色等现象，即说明料筒和喷嘴温度是比较合适的，可开始试模。

3）开始试模时，原则上先选择低压、低温和较长时间条件下的成型，然后按压力、时间、温度逐一顺序变动。最好不要同时变动二个或二个以上工艺条件，以便分析和判断情况。压力变化的影响，马上就能从制件上反映出来，所以如果型腔充不满，通常首先是增大注射压力。当大幅度提高注射压力仍无显著效果时，才考虑变动时间和温度。延长时间实质上是使塑料在料筒内受热时间加长，注射几次后若仍未充满，最后才提高料筒温度。但料筒温度与塑料温度达到平衡需要一定的时间，一般约 15min 左右，不能把料筒温度升得太高，以免塑料过热甚至发生降解。

4）注射成型时可选用高速和低速两种工艺。制品薄壁而面积大时，宜采用高速注射，而厚壁面积小时宜采用低速注射，在高速和低速都能充满型腔的情况下，除玻璃纤维增强塑料外，均宜采用低速注射。

5）对粘度高和热稳定性差的塑料，应采用较慢的螺杆转速和略低的背压加料和预塑，而粘度低和热稳定性好的塑料可采用较快的螺杆转速和略高的背压。在喷嘴温度合适的情况下，采用喷嘴固定形式可提高生产率。但当喷嘴温度太低或太高时，需要采用加料预塑后喷嘴后退的办法或采用后加料预塑。

试模过程中应作好记录，并将结果填入试模记录卡，注明模具是否合格。如需返修，则应提出返修意见。在记录卡中应摘录成型工艺条件及操作注意要点，最好能附上加工出的制件，以供参考。

试模过程中塑件易产生的缺陷及原因见表 3-5 及表 3-6。

表 3-5　塑料工艺设计不合理而使塑件产生的缺陷及原因

| 原因 | 缺陷 | 充模不满 | 溢料（飞边） | 凹陷（缩孔） | 银丝 | 熔接痕不牢 | 气泡或空洞 | 裂纹 | 翘曲变形 | 表面粗糙度高 | 烧焦 | 脱模困难 | 云层状 | 强度不高 | 尺寸过小 | 尺寸过大 |
|---|---|---|---|---|---|---|---|---|---|---|---|---|---|---|---|---|
| 工艺条件 | 料筒温度过高 | | 0 | 0 | 0 | | 0 | | 0 | | 0 | | | | 0 | |
| | 料筒温度太低 | 0 | | | | 0 | 0 | 0 | | 0 | | 0 | | 0 | | 0 |
| | 注射压力太高 | | 0 | | | | | 0 | | | 0 | | | | | |
| | 注射压力太低 | 0 | | | | | | | | | | | | | 0 | |
| | 模具温度太高 | | | 0 | | | | | 0 | | 0 | | | | 0 | |
| | 模具温度太低 | 0 | | | | 0 | | | | 0 | | | | | | |
| | 注射速度太慢 | 0 | | | | 0 | | | | | | | | 0 | | |

（续）

| 原因 ＼ 缺陷 | 充模不满 | 溢料（飞边） | 凹陷（缩孔） | 银丝 | 熔接痕不牢 | 气泡或空洞 | 裂纹 | 翘曲变形 | 表面粗糙度高 | 烧焦 | 脱模困难 | 云层状 | 强度不高 | 尺寸过小 | 尺寸过大 |
|---|---|---|---|---|---|---|---|---|---|---|---|---|---|---|---|
| 工艺条件　注射时间太长 | | | | 0 | 0 | | 0 | | | | | | | 0 | |
| 注射时间太短 | 0 | | 0 | | 0 | | 0 | | | | | | | | 0 |
| 成型周期太长 | | 0 | | | | | 0 | 0 | | | | | | | |
| 加料太多 | | 0 | | | | | | | | | | | | | |
| 加料太少 | 0 | | 0 | | | | | | 0 | | | | | | |
| 原料含水太多 | | | | 0 | | 0 | | | | | | | 0 | | |
| 注射机注射量不足 | 0 | | 0 | | | | | | | | | | | | |
| 注射机锁模力不足 | | 0 | | | | | | | | | | | | | |
| 料筒加热不均匀 | 0 | | | | 0 | | | | | 0 | | | | | |
| 冷却时间长 | | | | | | | | 0 | | 0 | 0 | | | 0 | |
| 保压时间短 | | | 0 | 0 | 0 | | | 0 | | | | | 0 | | |

注：0 表示该现象易发生。

### 表 3-6　模具设计不合理而使塑件产生的缺陷及原因

| 原因 ＼ 缺陷 | 充模不满 | 凹陷 | 熔接痕不牢 | 气泡或空洞 | 不密实 | 翘曲变形 | 烧焦 | 外形不清晰 | 真空泡 | 收缩率过大 | 应力集中 | 波纹或细丝 | 表面疵癜 | 脱模困难 | 表面粗糙度高 | 强度不高 | 流痕 |
|---|---|---|---|---|---|---|---|---|---|---|---|---|---|---|---|---|---|
| 浇口断面尺寸过小 | 0 | 0 | 0 | 0 | | | | 0 | 0 | 0 | 0 | | | | | 0 | |
| 浇口断面尺寸过大 | | | | | | 0 | | | | | | 0 | 0 | | | | |
| 浇口断面尺寸太大倒流量大 | 0 | | 0 | | | | | | 0 | 0 | 0 | | | | | | |
| 小浇口位置为非冲击性浇口 | 0 | 0 | 0 | 0 | | 0 | | | | | | 0 | 0 | | | 0 | |
| 开模余温过高 | | | | | | 0 | | | | | 0 | | | | | | |
| 开模余温过低 | | | | | | 0 | | | | | | | | 0 | | | |
| 开模余压过大 | | | | | | 0 | | | | | | | | 0 | | | |
| 开模余负压过高 | | | | | | 0 | | | | | | 0 | | 0 | | | |
| 流动比不够 | 0 | 0 | | | | | | | | | | | | | | 0 | |
| 浇口数量少 | 0 | | | | | | | | | | | | | | | | |
| 模具表面粗糙度值大 | 0 | | 0 | | | | 0 | | | | | | | | 0 | 0 | |
| 型腔排气不良 | 0 | 0 | | | | | 0 | | | | | | | | | | |
| 冷却模温太低 | 0 | | 0 | | | | 0 | | | | | 0 | | | 0 | 0 | 0 |
| 冷却效果差 | | 0 | | | | | | 0 | 0 | 0 | 0 | | | | | | |
| 脱模机构设计不当 | | | | | | 0 | | | | | | 0 | | 0 | | | |

注：0 表示该现象易发生。

## 复习思考题

3-1  一般塑料由哪些成分组成？塑料有哪些特点？

3-2  注射机有何作用？注射机有哪些类型，每种注射机各有何特点？

3-3  塑料注射工艺包括哪些阶段？

3-4  注射模具由哪几部分组成？每部分各有何作用？

3-5  根据模具总体机构特征，注射模可分为哪些类型？

3-6  浇注系统的作用是什么？注射模浇注系统由哪几部分组成？

3-7  注射模具浇口有哪些典型类型？各有何应用？

3-8  确定注射模的型腔数目一般应考虑哪些因素？

3-9  注射模具分型面的形状有哪些？如何确定注射模具分型面？

3-10  试确定图 3-94 所示塑料制品对应的成型零件的工作尺寸及公差（塑料制品平均收缩率取 1%）。

3-11  注射模具在什么情况下需要有侧向抽芯机构？斜导柱抽芯机构由哪几部分组成，各起什么作用？

3-12  简述常见的抽芯机构的工作原理、特点和适用场合。

3-13  简单推出机构由哪几部分组成？简单推出机构有哪些类型？

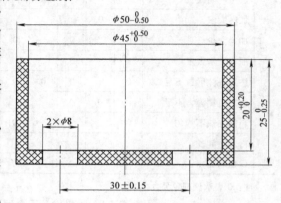

图 3-94  塑料制品零件图

3-14  简述常见的推出机构的工作原理、特点和适用场合。

3-15  注射模模架一般由哪几部分组成？导柱、导套各有哪些结构形式？简述加工注射模具模板的注意事项。

3-16  简述组装主流道衬套的注意事项及一般中小型芯的固定方式。

3-17  将注射模具固定到注射机上有哪些固定方式？

3-18  简述注射模具试模的目的和步骤。

3-19  注射模具装配试模时常出现哪些问题？应如何进行调整？

# 第四章 其他模具

【学习目的】
懂得挤出、吹塑、压铸、锻造、玻璃成型的工艺过程，对其相应模具也有较深的认识。

## 第一节 挤出成型工艺及挤出机头

挤出成型主要用于生产连续的型材，如管、棒、丝、板、薄膜、电线电缆的涂覆和涂层制品等，还可用于中空制品型坯、粒料等的加工。挤出成型也可用于酚醛、脲甲醛等不含矿物质、石棉、碎布等为填料的热固性塑料的成型，但能用挤出成型的热固性塑料的品种和挤出制品的种类有限。

### 一、挤出成型工艺过程

**1. 挤出成型原理及特点**

实心型材挤出成型如图 4-1 所示，大致可分为三个阶段。

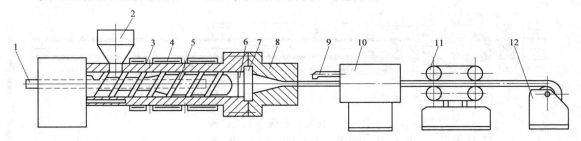

图 4-1　实心型材挤出成型
1—冷却水入口　2—料斗　3—料筒　4—加热器　5—螺杆　6—滤网　7—过滤板（栅板）
8—机头　9—喷水装置　10—冷却装置　11—牵引装置　12—卷料装置

1）固态塑料的塑化。通过挤出机加热器的加热和螺杆、料筒对塑料的混合、剪切作用所产生的摩擦热使固态塑料变成均匀的粘流态塑料。

2）成型。粘流态塑料在螺杆推动下，以一定的压力和速度连续地通过成型机头，从而获得一定截面形状的连续形体。

3）定型。通过冷却等方法使已成型的形状固定下来，成为所需要的塑料制品。

在挤出成型过程中，塑料制品的形状和尺寸取决于机头，因而机头的设计和制造是保证制品形状和尺寸的关键。

综上所述，挤出成型生产过程的连续性强，生产率高，投资省，成本低，操作简单，工艺条件容易控制，产品质量均匀，能生产各种截面形状的塑料制品，是塑料成型的重要方法之一。

**2. 挤出成型工艺的分类**

挤出过程中，按是否在同一设备进行，挤出工艺可分为干法挤出和湿法挤出。加热塑化、加压成型、定型在同一设备内进行，这种塑化方式工作的挤出工艺称为干法挤出。湿法挤出的塑化方式是用溶剂将塑料充分塑化，塑化和加压成型是两个独立的过程，其塑化较均匀，并避免了塑料的过度受热，但定形处理时必须脱除溶剂和回收溶剂，工艺过程较复杂，故湿法挤出的适用范围仅限于硝酸纤维素等。

挤出成型过程中，按对塑料加压方式不同，挤出成型工艺可分为连续挤出成型和间歇挤出成型。连续挤出成型所用的设备为螺杆挤出机，螺杆挤出机又有单螺杆挤出机和多螺杆挤出机，单螺杆挤出机应用较多。间歇挤出用的设备为柱塞式挤出机，柱塞式挤出机的工作部分是一个料筒和一个由液压操纵的柱塞，操作时，先将一批已塑化好的塑料加入料筒，借助柱塞的压力将塑料从挤出机头的口模挤出。柱塞式挤出成型的优点是能给塑料以较大的压力，但操作不连续，塑料又要预先塑化，所以应用较少，只在挤出成型聚四氟乙烯塑料和硬聚氯乙烯大型管材时应用。

3. 管材挤出成型工艺

管材挤出成型是塑料挤出成型的主要方法之一。管材挤出成型就是将塑化的塑料熔体在螺杆旋转推动下，通过机头的环形通道形成管材。

管材挤出成型所用的设备有挤出机、机头、定型装置、冷却槽、牵引设备和切断设备。管材挤出成型工艺过程如图4-2所示。

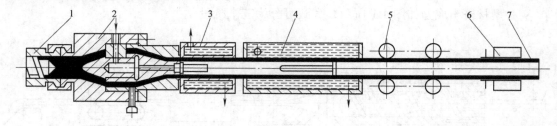

图4-2　管材挤出成型工艺过程

1—挤出机料筒　2—机头　3—定型套　4—冷却装置　5—牵引装置　6—切割装置　7—塑料管

（1）固态塑料的塑化　通过挤出机加热器的加热和螺杆、料筒对塑料的混合、剪切作用所产生的摩擦热使固态塑料变成均匀的粘流态塑料。

（2）成型　成型是通过挤出模具来实现的。机头是挤出模具的主要部分。挤管机头按制品出口方向分为直向（直通）挤管机头和横向挤管机头。常用的是直向挤管机头，其结构如图3-21所示。

从料筒中输送到挤管机头的熔体首先要经过过滤网和过滤板。过滤网和过滤板的作用是使螺旋运动的熔体变成直线运动，阻止未熔化的塑料或其他杂物进入机头。同时，过滤板和过滤网增加了熔体流动阻力，使料筒中的熔体具有一定压力。

熔体通过过滤板之后需经过分流区、压缩区和成型区而成型为管状物。熔体遇到分流器（分流梭）变成薄环状，又经过分流器支架（分流器栅板），得到进一步加热和塑化。分流器支架主要用来支承分流器和芯模，同时也使熔体受到均匀搅拌。熔体进入压缩区后，由于通道截面逐步缩小，所以压力逐步增大，熔体进一步塑化，从而使通过分流器支架后所形成的接缝得到良好的熔接。根据压缩区的作用不难看出，在机头内应有一定的压缩比。这个压缩比是指分流器支架出口处截面积与口模和芯模之间形成的环状间隙的截面积之比。比值过小时，制品密度较低，而且熔体通过分流器支架后所形成的接缝不易熔接；压缩比过大时，熔体压力大，容易过热分解，发生涡流，制品表面粗糙且残余应力大。压缩比一般取 3～6 为宜。成型区是由口模与芯模之间形成的环状间隙。口模是成型管材的外表面；芯模是成型管材的内表面。所以，口模和芯模构成的定型部分决定了管材的横截面形状。熔体经过成型区使原来经过几次阻流的不够平稳的状态逐渐平稳下来，汇合成均匀的达到所需的管状物。为保证管材的质量，口模的平直部分（图4-3）$L_1$ 应有一定的长度。$L_1$ 的大小与管材壁厚、直径、形状、塑料特性、牵引速度等有关。$L_1$ 过大，熔体流动阻力大，牵引困难，管材表面粗糙；过小，则起不到定型作用。通常 $L_1$ 为管壁厚度的 10～30 倍。熔体粘度偏大的取小值，相反，则取大值。

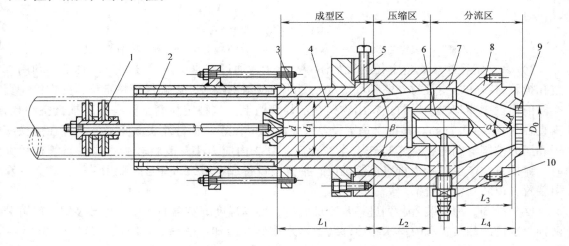

图4-3 直向挤管机头
1—气塞 2—定型套 3—口模 4—芯模 5—调节螺钉 6—分流器
7—分流器支架 8—机头体 9—过滤板 10—空气进口接头

应该注意到，表面上看起来挤出口模的管状物的壁厚等于平直部分通道的间隙值，实际上不然。一方面，当管状物离开口模时，压力消失，会产生弹性回复，从而使管径膨胀；另一方面，由于冷却收缩和牵引力作用，使管径缩小。管径的膨胀与收缩均与塑料性质和挤出温度、压力等工艺条件有关。在生产实际中，通常是把口模和芯模直径放大，然后靠调节牵引的速度来控制管径尺寸，以达到要求。

（3）定型 物料从口模中挤出时，还处于熔融状态，具有相当高的温度，大约是180℃，为了保证管材的几何形状不随自重作用而变形，并达到要求的尺寸精度和表面粗糙度，必须立即进行定径和冷却，使其温度显著下降而硬化、定型。

定型方法有外径定型法和内径定型法两种，由于我国塑料管尺寸标准一般是外径带公差的，故一般采用外径定型法。外径定径法又有多种，常用的有内压定径法、真空定径法。

1）内压定径法。图4-3所示实质上是典型的内压定径法工艺过程。从分流器支架往塑料管内通入压缩空气，经过芯模内孔到达管状物内孔，由于离定型套一定距离的管材内孔装有气塞（图4-3件号1），由于气压的作用，使管壁与定径套内壁接触。定径套采用水冷，使塑料管在其中冷却、硬化、定型，然后进入水槽进一步冷却。气塞1的作用是封气，使管内气压达到一定的值（一般为28～280kPa）。此方法定径可避免管材的拉伸作用，定径套结构简单，管材外表面粗糙度值小，缺点是操作较复杂，气塞容易磨损，需经常更换，不宜用于小管径管材的生产。

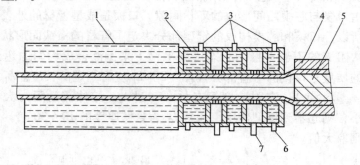

图4-4  真空定径装置

1—水槽  2—真空定径套  3—排水孔  4—口模  5—芯模  6—进水孔  7—抽真空孔

2）真空定径法。真空定径装置如图4-4所示，通过在真空定径套2里抽真空，利用真空孔把管材吸住，使管材外壁和真空定径套的内壁紧密接触，以确保管材定型，并在第一真空段前面设一冷却段，以防止挤出物粘在定径套壁上。这种定径套上开有很多抽真空小孔，其直径为0.5~0.7mm。其特点是定径效果较内压定径好，管材外表面光滑，不存在更换塞子和压力控制等问题，易于操作，生产稳定，管材内应力小，废料较少。缺点是管径较大时，靠抽真空产生的吸力难以控制圆度，抽真空设备成本增大，并且须配用牵引力较大的牵引装置，以防止牵引打滑。

（4）冷却  冷却装置起到进一步冷却管材，使其温度降室温的作用，冷却装置一般可分两种，水槽冷却装置和喷淋水箱冷却装置。水槽装置冷却一般分2~4段，长约2~3m，一般最后一段水槽通入冷却水，使水流方向与管材运动方向相反，以使冷却缓和，减少管材内应力。喷淋冷却的喷淋水管可有3~6根，均布在管材周围，在靠近定径套一端喷水孔较密。

（5）牵引  牵引的作用是给从机头出来的已初具形状和尺寸的管材提供一定的牵引力和牵引速度，均匀地引出管材，并通过调节牵引速度来调节管材的壁厚。牵引速度快，管材壁厚变薄；反之，管壁变厚。因此，牵引速度必须能在一定范围内进行无级平缓地变化，一般它的速比为1∶10。牵引力也必须可调，以使薄壁管材不产生永久变形。牵引装置一般有橡胶带式、滚轮式、履带式。

（6）切割或卷取

1）切割装置。如果是挤出硬管，管材挤到一定长度后需要切断，这就需要切割装置。切割装置有手动切割和自动切割两种，自动切割机一般配有管材夹持器，在切割过程中切割机要能随管材牵引速度移动，直至切割完毕，即锯座要随管材的输送而移动。

2）卷取装置。如果是挤出软管，就要配置卷取装置，将成型后的软管卷绕成卷，并截取一定长度，包装出厂。

**二、挤出机头**

1. 挤出机头的分类

1）按机头的用途可分为挤管机头、吹塑薄膜机头、挤板机头等。

2）按制品出口方向与挤出机螺杆轴向关系可分为直向机头和横向机头。

3）按机头内熔体压力大小可分为低压机头（熔体压力低于4MPa）、中压机头（熔体压力为4~10MPa）、高压机头（熔体压力在10MPa以上）。

2. 管材挤出机头

（1）管材挤出机头的结构形式

1）直管式机头。直管式机头结构简单，具有分流器支架，芯模加热困难，定型长度较长，适用于薄壁小口径的管材挤出。

2）弯管式机头。弯管式机头如图4-5所示，其结构复杂，没有分流器支架，芯模容易加热，定型长度不要很长，大小口径管材均适用。

3）旁侧式机头。旁侧式机头如图4-6所示，其结构复杂，没有分流器支架，芯模可以加热，定型长度也不要很长，大小口径管材均适用。

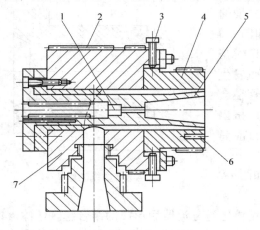

图 4-5　弯管式机头
1—进气口　2—电加热器　3—调节螺钉
4—口模　5—芯模　6—测温孔　7—机体

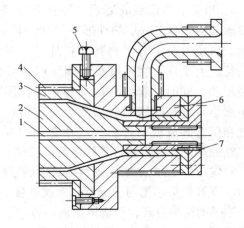

图 4-6　旁侧式机头
1—进气口　2—芯模　3—口模　4—电加热器
5—调节螺钉　6—机体　7—测温孔

（2）管材挤出机头的基本结构

1）栅板（过滤网）。栅板（过滤网）的作用是将物料由螺旋运动变为直线运动，阻止未塑化的料及其他机械杂质进入机头，提高螺杆头部物料的压力，混合物料。多孔板还起支承过滤网的作用。

2）机体。机体用于支承、固定机头内各零部件，并与挤出机料筒联接。

3）分流器。分流器的作用是使熔体料层变薄，以便均匀加热，使之进一步塑化，其结构如图4-7所示。

分流器与栅板之间的距离一般取 10～20mm，或稍小于 $0.1D_1$（$D_1$ 为挤出机螺杆直径）。保持分流器与栅板之间的一定距离的作用是使通过栅板的熔体汇集。因此，该距离不宜过小，否则熔体流速不稳定，不均匀；距离过大，熔体在此空间时间较长，高分子容易产生分解。分流器的扩张角 $\alpha$ 值取决于塑料粘度，一般 $\alpha$ 取 $60°～90°$，挤出硬聚氯乙烯 $\alpha \leqslant 60°$。$\alpha$ 太大，熔体流动

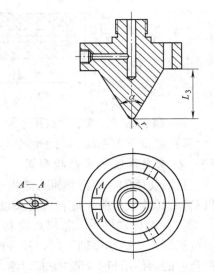

图 4-7　分流器及其支架

阻力大;α 过小,势必增大分流锥部分的长度。

4)分流器支架。分流器支架主要起支承分流器和芯棒的作用,但熔体经分流器支架后会产生熔接痕。分流器支架与分流器可以制成整体式,也可制成组合式的。前者用于中小型机头,后者用于大型机头。分流器支架上的分流肋的数目在满足支持强度的条件下,以少为宜,一般为 3~8 根。分流肋应制成流线型的,在满足强度前提下,其宽度和长度应尽量小些,而且出料端的角度应小于进料端的角度。

分流器支架设有进气孔和导线孔,用以通入压缩空气和内部装置电热器时导入导线。通入压缩空气的作用是为了管材的定径(内压法外径定型)和冷却。

5)口模。口模是成型管材外表面的零件,并使通过口模的料坯具有一定的外形和尺寸,其结构如图 4-8 所示。口模内径不等于塑料管材外径,因为从口模挤出的管坯由于压力突然降低,塑料因弹性恢复而发生管径膨胀,同时,管坯在冷却和牵引作用下,管径会发生缩小。这些膨胀和收缩的大小与塑料性质、挤出温度和压力等成型条件以及定径套结构有关,目前尚无成熟的理论计算方法计算膨胀和收缩值。

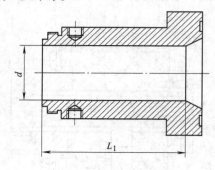

图 4-8　口模的结构

6)芯模。芯模是成型管材内表面的零件,如图 4-9 所示。直管机头芯模与分流器以螺纹联接。

芯模的结构应有利于熔体流动,有利于消除熔体经过分流器后形成的结合缝。熔体流过分流器支架后,先经过一定的压缩,使熔体很好地汇合。为此芯模应有收缩角 β,其值取决于塑料特性,对于粘度较高的硬聚氯乙烯,β 一般 30°~50°,对于粘度低的塑料 β 可取 45°~60°。

为了使管材壁厚均匀,必须设置调节螺钉,以便安装与调整口模与芯模之间间隙。调节螺钉数目一般为 4~8 个。

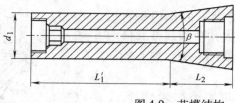

图 4-9　芯模结构

7)调节螺钉。调节螺钉用于调节口模和芯棒的相对位置,以满足制品的壁厚均匀性要求。

8)温度调节系统。用于调节与控制机头的温度以满足成型的要求。

3. 吹塑薄膜机头结构形式

目前使用的吹塑薄膜机头结构形式较多,常见的有芯棒式机头、中心进料的"十字形机头"、螺旋式机头、旋转式机头以及双层或多层吹塑薄膜机头。

(1)芯棒式机头　芯棒式吹塑薄膜机头如图 4-10 所示,塑料熔体自挤出机栅板挤出,通过机颈 5 到达芯棒轴 7 时,被分成两股并沿芯棒分料线流动,然后在芯棒尖处重新汇合,汇合后的熔体沿机头环隙挤成管坯,芯棒中通入压缩空气将管坯吹胀成管膜。

芯棒式机头内部通道空腔小,存料少,塑料不容易分解,适用于加工聚氯乙烯塑料。但熔体经直角拐弯,各处流速不等,同时由于熔体长时间单向作用于芯棒,使芯棒中心线偏

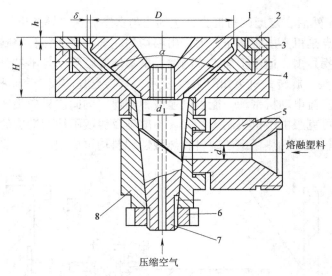

图 4-10　芯棒式机头

1—芯棒（芯模）　2—口模　3—压紧圈　4—上模体　5—机颈　6—螺母　7—芯棒轴　8—下模体

移，即产生"偏中"现象，因而容易导致薄膜厚度不均匀。

（2）十字形机头　十字形机头如图 4-11 所示，其结构类似管材挤出机机头。这种机头的优点是出料均匀，薄膜厚度容易控制；芯轴不受侧压力，不会产生如芯棒式机头那种"偏中"现象。但机头内腔大，存料多，塑料易分解，适用于加工热稳定性好的塑料，而不适于加工聚氯乙烯。

（3）螺旋式机头　螺旋式机头如图 4-12 所示，塑料熔体从中央进口挤入，通过带有多

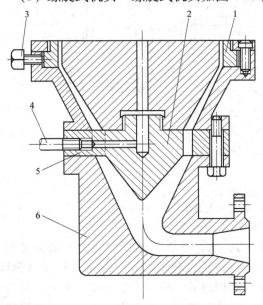

图 4-11　十字形机头

1—口模　2—分流器　3—调节螺钉
4—进气管　5—分流器支架　6—机体

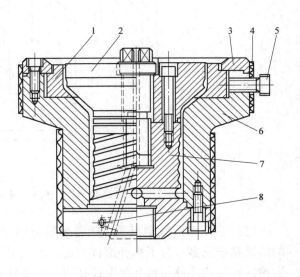

图 4-12　螺旋式机头

1—口模　2—芯模　3—压紧圈　4—加热器
5—调节螺钉　6—机体　7—螺旋芯棒　8—气体进口

个螺旋槽的芯棒 7，然后在定型区前汇合，达到均匀状态后从口模挤出。

这种机头的优点是机头内熔体压力大，出料均匀，薄膜厚度容易控制，薄膜性能好。其缺点是结构复杂，拐角多，适用于加工聚丙烯、聚乙烯等粘度小且不易分解的塑料。

（4）旋转式机头　旋转式机头如图 4-14 所示，其特点是芯模 2 和口模 1 都能单独旋转。芯模和口模分别由直流电动机带动，能以同速或不同速、同向或异向旋转。

采用这种机头可克服由于机头制造、安装不准确及温度不均匀造成的塑料薄膜厚度不均匀。它的应用范围较广，对热稳定性塑料和热敏性塑料均可成型。

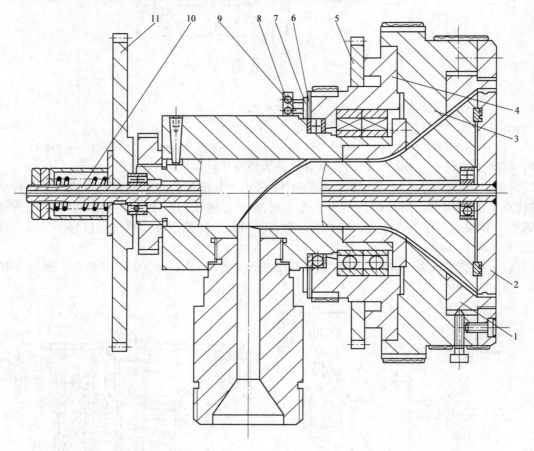

图 4-13　旋转式机头
1—口模　2—芯模　3—机头旋转体　4—口模支持体　5、11—齿轮
6—绝缘环　7、9—铜环　8—炭刷　10—空心轴

（5）多层薄膜吹塑机头　随着薄膜应用范围的扩大，单层薄膜在性能上不能满足要求的情况越来越多。为了弥补这种不足，出现了将两种以上塑料复合在一起的多层塑料薄膜。这种薄膜能使几种塑料互相取长补短，获得具有较为理想的物理和力学性能。例如，聚偏二氯乙烯薄膜透气性很小，适宜包装食品，如与聚乙烯薄膜复合，则获得透气性小而又耐热的薄膜。三层复合吹塑薄膜机头（图 4-14）采用了几台挤出机同时供料，使几种塑料同时进入同一挤出机头（图 4-14 是由 A、B、D 口进入），而获得多层复合薄膜。几种塑料在机头中结合后挤出，称为内复合吹塑薄膜机头；几种塑料挤出口模后结合，称为外复合吹塑薄膜机头。

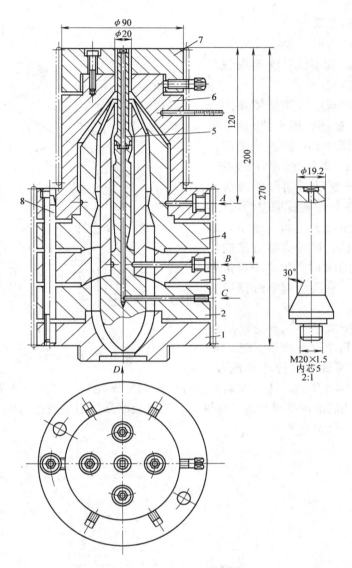

图 4-14 三层复合吹塑薄膜机头

1—机颈 2—内芯棒 3—中芯棒 4—外芯棒
5—芯模 6—机体 7—口模 8—导柱

## 第二节 吹塑成型工艺及吹塑模具

吹塑成型是将处于塑性状态的型坯置于模具型腔内,借助压缩空气将其吹胀,使之紧贴于型腔壁上,再经冷却定型得到中空塑料制品的成型方法。它源于历史悠久的玻璃容器吹制工艺,至 20 世纪 30 年代发展成为现代吹塑技术。吹塑成型可以获得各种形状的中空薄壁塑料制品,主要用于制造瓶、桶、玩具、油箱、储槽和人体模型等中空制品,广泛应用于食品、饮料、化妆品、药品、洗涤制品、儿童玩具等领域,已广泛应用于现代塑料工业。

### 一、吹塑成型工艺

**1. 吹塑成型方法**

根据成型方法的不同，吹塑成型可以分为以下五种形式。

（1）挤出吹塑成型　熔融型坯用挤出机（图 4-15a）挤出，图 4-15b 所示是挤出管状型坯，图 4-15c 所示是将型坯引入对开的模具，图 4-15d 所示是将模具闭合，图 4-15e 所示是向型腔内通入压缩空气，使其膨胀附着模腔壁而成型，图 4-15f 所示是保压、冷却、定型，最后放气，塑件脱模。这种成型方法的优点是设备与模具的结构简单，缺点是型坯壁厚不易均匀，从而引起塑件壁厚的差异。

（2）注射吹塑成型　这种方法是用注射机在注射模具中制成型坯，然后把热型坯移入吹塑模具中进行吹塑成型，

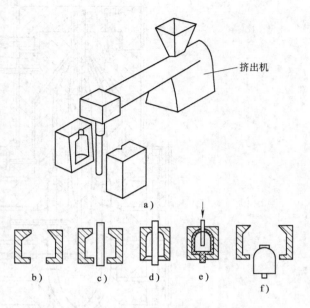

图 4-15　挤出吹塑成型工艺过程

其工艺过程如图 4-16 所示。这种成型方法的优点是壁厚均匀无飞边，不需后加工，由于注射型坯有底，因此底部没有拼合缝，强度高，生产效率高，但是设备与模具的投资较大，多用于小型塑件的大批量生产。

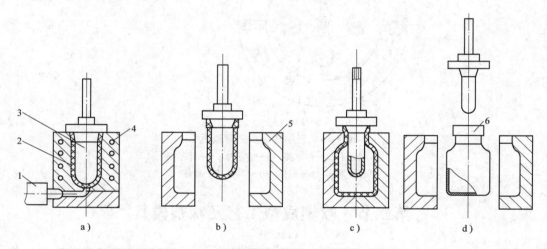

图 4-16　注射吹塑成型工艺过程

1—注射机喷嘴　2—型坯　3—型芯　4—加热器（温控）　5—吹塑模　6—塑料制品

（3）注射延伸吹塑成型　这种方法与注射吹塑比较，只是增加了将有底的型坯延伸这一工序，成型过程如下：

1）成型有底的型坯。把熔融的塑料注入模具，急剧冷却，成型出透明的有底型坯，如图 4-17 所示。

2）型坯加热。把螺纹部随转盘移到加热位置，用电阻丝将内外面加热，如图 4-18 所示。

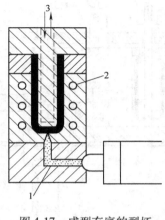

图 4-17　成型有底的型坯
1—分流道　2—凹模冷却水孔
3—型芯冷却水孔

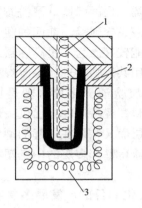

图 4-18　型坯加热
1—型芯加热电阻丝　2—螺纹成型镶块
3—凹模加热电阻丝

3）延伸吹塑。将加热后的有底型坯，移至延伸吹塑位置，延伸约 2 倍，吹塑成型。如图 4-19 所示。

4）取出塑件。将延伸吹塑成型后的塑件移到下一位置，螺纹部的半模打开，取出塑件，如图 4-20 所示。

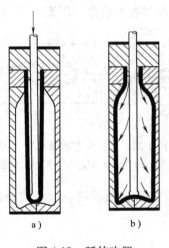

图 4-19　延伸吹塑
a）延伸　b）吹塑

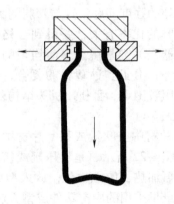

图 4-20　取出塑件

这种成型设备实际上是一台四工位注射吹塑成型机，每个工位相隔 90°，如图 4-21 所示为注射有底型坯第一工位和延伸吹塑第三工位，由于各个工位同时动作，因此生产率高，这种延伸吹塑制品的原理和双向拉伸薄膜的原理相同，可使分子双轴取向，塑件的透明性得到改善，冲击韧度、刚度、强度显著提高；但透气性有所降低。特别是随着聚丙烯延伸吹塑成型的迅速发展，它已取代聚氯乙烯透明容器。

在生产中，许多热塑性塑料都可用于延伸吹塑，如聚对苯二甲酸乙二酯、聚氯乙烯、聚丙烯、聚丙烯腈、聚酰胺、聚碳酸酯、聚甲醛、聚砜等。前四种塑料延伸吹塑工艺性能较好。为了提高容器的综合性能，可采用共混塑料进行拉伸吹塑。

（4）多层吹塑　多层吹塑是指用不同种类的塑料，经特定的挤出机头形成一个型坯壁分层而又粘接在一起的型坯，再经中空吹塑获得壁部多层的中空塑料制品的成型方法。

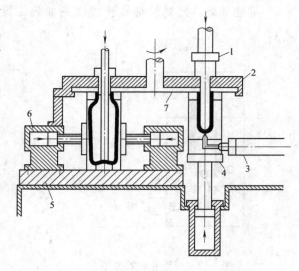

图4-21　四工位注射吹塑成型机
1—可动型芯　2—上模固定板　3—注射装置
4—可动下模板　5—下模固定板　6—液压缸　7—转盘

1）多层化的目的。发展多层吹塑的目的是解决单一塑料不能满足使用要求的问题。例如，聚乙烯容器虽然无毒，但气密性较差，所以不能装有香味的食品，而聚氯乙烯的气密性优于聚乙烯，所以可以采用双层吹塑获得外层为聚氯乙烯、内层为聚乙烯的容器，既无毒，气密性又好。

2）多层次吹塑成型技术。多层吹塑容器的成型方法有共挤出吹塑法和多段注射法，现在广泛应用的是采用连续挤出式的共挤出吹塑法，其原理是在单吹塑成型机上附设辅助挤出机，通过机头挤出多层型坯，供给吹塑成型模具。影响多层容器质量的因素有层间的结合问题和接缝处的强度问题，这与塑料的种类、层数和层厚的比率有关，要得到合格的多层吹塑容器，关键是挤出厚薄均匀的多层型坯。另外，由于多种塑料的复合，塑料的回收利用较困难，且挤出机头结构复杂，设备投资大。

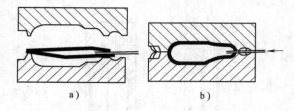

图4-22　片材中空吹塑成型
a）加热后的片材放入型腔　b）闭模吹塑

（5）片材中空吹塑成型　片材中空吹塑成型如图4-22所示，是将压延或挤出成型的片材再加热，使之软化，放入型腔，闭模后在片板之间吹入压缩空气，成型出中空制品，这是最早采用的中空塑件成型方法。

2. 吹塑成型工艺的控制因素

影响吹塑成型加工稳定性和产品质量的主要因素有原材料、温度、膨胀比、吹胀比、模口尺寸、吹塑压力、合（锁）模力、模具冷却等。

（1）原材料的选择　用于吹塑成型的聚合物主要有聚乙烯和聚氯乙烯。

（2）成型温度　由于树脂或其牌号不相同，成型温度也不完全一样，挤出机温度应从低到高，一般与聚合物的聚集状态相对应。挤出温度直接影响型坯的下垂程度、膨胀比、冷却定型时间等，因此，成型温度是控制产品质量及生产效率的一个重要参数。中空制品成型参考温度见表4-1。

表 4-1　中空制品成型参考温度　　　　　　　　　　（单位：℃）

| 材料名称 | 挤出机 | 机头口模 | 拉伸 | 模具 |
|---|---|---|---|---|
| 低密度聚乙烯 | 100～180 | 165～170 | — | 20～40 |
| 高密度聚乙烯 | 150～280 | 240～260 | — | 40～60 |
| 软聚氯乙烯 | 145～170 | 180～185 | — | 20～50 |
| 硬聚氯乙烯 | 160～190 | 195～200 | — | 20～60 |
| 聚丙烯 | 210～240 | 210～220 | — | 20～50 |
| 聚对苯二甲酸乙二醇酯 | 260～280 | 260～280 | 80～100 | |

（3）膨胀比　离模膨胀是指挤出型坯尺寸大于口模尺寸的现象，如图 4-23 所示。

膨胀比显示高分子材料的熔融粘弹性。了解膨胀比对控制吹塑成型工艺，提高产品质量，决定口模尺寸都有重要意义。

$$膨胀比 = \frac{型坯实际外径 - 口模直径}{口模直径} \times 100\%$$

挤出机的挤出速度、原材料的相对分子质量和相对分子质量分布以及机头参数都会影响挤出物的离模膨胀。各种聚乙烯膨胀比见表 4-2。

（4）吹胀比（$B_R$）　吹胀比是塑料制品最大直径与型坯直径之比。通常取 2～4，过大易使塑料制品壁厚不均匀，加工工艺条件不易掌握。一般大制品、薄壁制品吹塑取小值；小制品、厚壁制品吹塑可取大值。

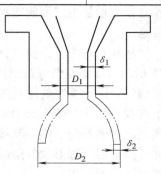

图 4-23　离模膨胀现象
$D_1$—口模外径　$D_2$—型坯外径
$\delta_1$—芯模口模间隙　$\delta_2$—型坯厚度

表 4-2　聚乙烯膨胀比

| 材料名称 | 低密度聚乙烯 | 中密度聚乙烯 | 高密度聚乙烯 | 高低密度聚乙烯共混（1:1） |
|---|---|---|---|---|
| 密度/（g/cm³） | 0.910～0.925 | 0.926～0.965 | 0.941～0.965 | 0.935 左右 |
| 百分膨胀比（%） | 30～65 | 15～40 | 25～65 | 25 左右 |

吹胀比表明了塑料制品径向最大尺寸与挤出机机头口模尺寸之间的关系。

型坯截面形状一般要求与制品外形轮廓形状大体一致，如吹塑圆形截面瓶子，型坯截面应为圆形，若吹塑方截面塑料桶，则型坯为方形截面，或用壁厚不均匀的圆截面型坯，以获得壁厚均匀的方截面桶。

（5）延伸比（$S_R$）　在注射延伸吹塑中，塑料制品长度与型腔长度之比称为延伸比。如图 4-24 所示，$c$ 与 $b$ 之比即为延伸比。延伸比确定后，型坯长度就可确定。一般情况下，延伸比大的制品，其纵向和横向强度均较高，为保证制品的刚度和壁厚，生产中一般取 $S_R = 4～6$ 为宜。

（6）吹塑压力和吹气速率　吹塑压力和吹气速率影响制品的外观质量、壁厚均匀度、切口熔接强度和料把脱离难易程度。吹塑压力随型坯壁厚、树脂种类的不同而不同，约为

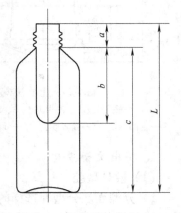

图 4-24　延伸比示意图

0.196～0.686MPa，吹塑压力与模腔投影面积的乘积应为锁模压力的75%或略低。

切口宽度越宽，吹气压力应越大，压力高则分型面较明显，切口处易产生熔接不良，出现破裂。锁模后应快速进行吹塑，如吹塑速度太慢或压力偏低，则制品容易变形，引起壁厚不均及外观不良。

**二、吹塑成型模具**

吹塑模具通常由两瓣凹模组成，对于大型吹塑模应设冷却水通道。由于吹塑模型腔受力不大（一般压缩空气的压力为0.7MPa），故可供选择的模具材料较多，最常用的有铝合金、铍铜合金、锌合金等。由于锌合金易于铸造和机械加工，所以可制造成型形状不规则容器的模具。大批量生产硬质塑料制品的模具，可选用钢，热处理硬度40～44HRC，型腔需抛光镀铬。

从吹塑方法看，模具分为上吹、下吹、横（斜）吹三种。典型的上吹模具结构如图4-25所示，压缩空气通过机头芯棒从容器口部进入，模具上部成型容器的开口颈部，下部封接型坯。因压缩空气通过芯棒，会降低芯棒温度，需在进气杆与芯棒之间开设气隙。典型的下吹模具结构如图4-26所示，模具上部封接型坯，下部成型容器颈部。由于空气入口位于型坯温度最低的下端，其接触进气杆后温度会进一步降低，这会影响型坯下端的膨胀性能，尤其是容器下部形状复杂时。此法适用于吹塑颈口与容器体的中心线不重合的大型容器。而横吹法应用较少。

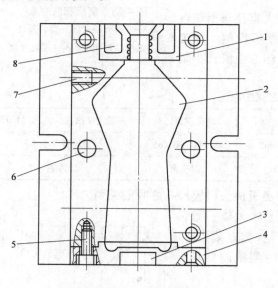

图4-25　上吹法模具

1—颈部嵌块　2—型腔　3、8—余料槽
4—底部镶块　5—紧固螺钉　6—导柱　7—冷却水道

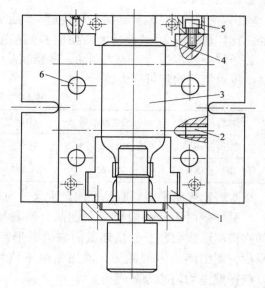

图4-26　下吹法模具

1—颈部嵌块　2—冷却水道　3—型腔
4—底部镶块　5—紧固螺栓　6—导柱（孔）

**1. 挤出吹塑模具**

（1）模具型腔

1）分型面。分型面选择的原则是使两半型腔为对称，减少吹胀比，易于制品脱模。因此，对于圆截面容器，分型面通过其轴线；对于椭圆形截面的容器，分型面通过椭圆的长轴；矩形截面容器，分型面通过中心线或对角线。一副模具一般为一个分型面，但对某些截面复杂的制品,分型面需要两个甚至更多。

2)型腔表面。不同塑料和不同表面要求的制品,对模具型腔表面的要求是不同的。吹塑 PE 塑料制品的型腔表面宜采用喷砂或蚀刻方法以获得稍微粗糙的型腔表面;吹塑高透明或高光泽表面的容器,尤其采用 PET、PVC、PP 等塑料时,型腔表面需要抛光;工程塑料的吹塑模,其型腔表面一般不能喷砂,但可蚀刻花纹。

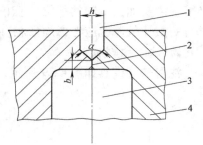

图 4-27 中空吹塑模具夹坯口刃部分
1—余料槽 2—夹坯口刃
3—型腔 4—模具体

(2)模具底部镶块 吹塑模具底部的作用是挤压、封接型坯的一端,切去尾部余料。一般单独设置模具底部镶块,而模具底部镶块的关键部位是夹坯口刃与余料槽。

1)夹坯口刃。夹坯口刃宽度(图 4-27 所示的 $b$)是一个重要参数。$b$ 过小会减小制品接合缝的厚度,降低其接合强度,甚至出现裂缝。小型吹塑件 $b$ 取 1 ~ 2mm;大型吹塑件取 2 ~ 4mm。

2)余料槽。余料槽的作用是容纳剪切下来的多余塑料。余料槽通常开设在夹坯口刃后面的分模面上。余料槽单边深度($h/2$)取型坯壁厚的 80% ~ 90%。余料槽夹角 $\alpha$ 常取 30° ~ 90°,夹坯口刃宽度大时取大值,相反取小值。$\alpha$ 小有助于把少量塑料挤入制品接合缝中,以增强接合缝强度。

(3)模具颈部镶块 成型塑料容器颈部的镶块主要有模颈圈和剪切块,如图 4-28 所示。剪切块位于模颈圈之上,有助于切去颈部余料,减小模颈圈磨损。有的模具上模颈圈与剪切块做成整体式。剪切块的口部为锥形,锥角一般取 60°。模颈圈与剪切块用工具钢制成,热处理硬度为 56 ~ 58HRC。定径进气杆插入型腔时,把颈部的塑料挤入模颈圈的螺纹槽而形成制品颈部螺纹。剪切块锥面与进气杆上的剪切套 4 配合,切断颈部余料。

(4)排气孔槽 模具闭合后,应考虑在型坯吹胀时,型腔内原有空气的排出问题。排气不良会使制品表面出现斑纹、麻坑和成型不完整等缺陷。因此,吹塑模具要考虑在分型面上开设排气槽和开设一定数量的排气孔。排气孔一般在模具型腔的凹坑和尖角处及塑料最后贴模的地方。排气孔直径常取 0.1 ~ 0.3mm。设在分型面上的排气槽宽度可取 5 ~ 25mm,深度按表 4-3 选取。此外,利用模具配合面也可起排气作用。

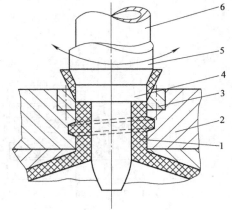

图 4-28 挤出吹塑模具颈部镶块
1—容器颈部 2—模颈圈 3—剪切块
4—剪切套 5—带齿旋转套筒 6—定径进气杆

表 4-3 分型面排气槽深度

| 容器容积 $V/\text{L}$ | 排气槽深度 $h/\text{mm}$ | 容器容积 $V/\text{L}$ | 排气槽深度 $h/\text{mm}$ |
|---|---|---|---|
| <5 | 0.01 ~ 0.02 | 30 ~ 100 | 0.04 ~ 0.10 |
| 5 ~ 10 | 0.02 ~ 0.03 | 100 ~ 500 | 0.10 ~ 0.30 |
| 10 ~ 30 | 0.03 ~ 0.04 | | |

（5）模具的冷却　模具冷却是保证中空吹塑工艺正常进行，保证产品外观质量和提高生产率的重要措施。大型模具可采用箱式冷却槽，即在型腔背后铣一个空槽，再用一个盖板盖上，中间加密封件。小型模具可以开设冷却水道，通水冷却，冷却水温最好控制在 5 ~ 15℃。需要加强冷却的部位，最好根据制品壁厚对模具进行分段冷却，如生产瓶子，其瓶口部分一般比较厚，应考虑加强瓶口冷却。

2. 注射吹塑模具

注射吹塑模具如图 4-29 所示，型坯模具和吹塑模具均装在类似冷冲模后侧模架上。

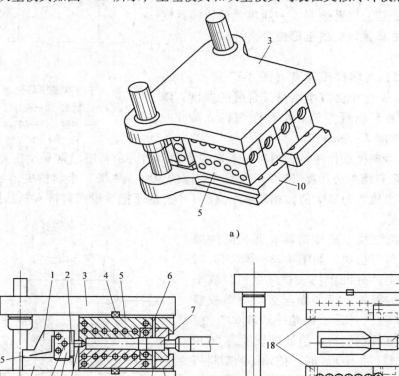

图 4-29　注射吹塑模具

a）模具及模架　b）型坯模具　c）吹塑模具

1—支管夹具　2—充模喷嘴夹板　3—上模板　4—键　5—型坯型腔体　6—芯棒温控介质入、出口
7—芯棒　8—颈圈镶块　9—冷却孔道　10—下模板　11—充模喷嘴　12—支管体　13—流道
14—支管座　15—加热器　16—吹塑模型腔体　17—吹塑模颈圈　18—模底镶块

型坯模具（图 4-29b）主要由型坯型腔体 5、颈圈镶块 8 与芯棒 7 构成。型坯型腔体（图 4-30a）由定模与动模两部分构成。软质塑料成型时，型腔体可由碳素工具钢或结构钢制成，硬度为 31 ~ 35HRC；硬质塑料成型时，型腔体由合金工具钢制成，热处理硬度 52 ~ 54HRC。型腔要抛光，加工硬质塑料时还要镀铬。

注射吹塑模具与挤出吹塑模具基本相同，但前者不需设置夹料口刃，因为其型坯长度及形状已由型坯模具确定，如图 4-29b 和 4-30a 所示。吹塑模型腔所承受的压力要比型坯模型腔小得多。吹塑模颈圈螺纹的直径比相应型坯颈圈大 0.05～0.25mm，以免容器颈部螺纹变形。注射吹塑模材料、冷却方式与挤出吹塑相同。

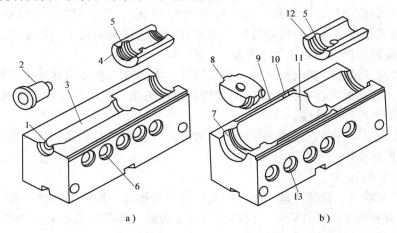

a)　　　　　　　　　　　　b)

图 4-30　注射吹塑型腔体

a）型坯型腔体　b）吹塑模型腔体

1—喷嘴座　2—充模喷嘴　3—型坯型腔　4—型坯模颈圈　5—颈部螺纹

6—孔道（热介质调温）　7—模底镶块槽　8—模底镶块　9—槽

10—排气槽　11—吹塑型腔　12—吹塑模颈圈　13—冷却孔道

# 第三节　压铸成型工艺及模具

　　压力铸造简称压铸，是一种将熔融合金液倒入压室内，以高压、高速充填模具型腔，并使合金液在压力下凝固而形成铸件的铸造方法。压铸工艺是一种高效率的少、无切削金属的成型工艺，从 19 世纪初期用铅锡合金压铸印刷机的铅字至今已有 190 多年的历史。由于压铸工艺在现代工艺中用于生产各种金属零件具有独特的技术优势和显著的经济效益，因此长期以来人们围绕压铸工艺、压铸模具及压铸机进行了广泛地研究，取得了不错的成绩。目前，压铸工艺已广泛地应用于汽车、拖拉机、电气仪表、电信器材、航天航空、医疗器械及轻工日用五金行业。生产的主要零件有发动机的气缸体、气缸盖、发动机罩，变速器箱体，仪表及照相机的壳体及支架，管接头，齿轮等。

**一、压铸生产过程和特点**

　　压铸生产过程包括压铸模在压铸机上的安装与调整，模具必要部位喷涂，模具预热，安放镶嵌件，闭模，将熔融合金舀取倒入压室、压射（高压高速）成型、铸件冷却后脱模和压铸件清理等过程。

　　由于压铸工艺是在极短时间内将压铸模填充完毕，且在高压、高速下成型，因此，压铸工艺与其他成形方法相比有其自身的特点。

**1. 压铸工艺的优点**

　　1）可以制造形状复杂、轮廓清晰、薄壁深腔的金属零件。熔融金属在高压高速下保持高的流动性，因而能够获得其他工艺方法难以加工的金属零件。

2）压铸件的尺寸精度较高，可达 IT11 ~ 13 级，有时可达 IT9 级，表面粗糙度 $R_a$ 达 0.8μm 有时 $R_a$ 达 0.4μm，互换性好。

3）材料利用率高。由于压铸件的精度较高，只需经过少量机械加工即可装配使用，有的压铸件可直接装配使用。其材料利用率约为 60% ~ 80%，毛坯利用率达 90%。

4）可以将其他材料的嵌件直接嵌铸在压铸件上。这样既满足了使用要求，扩大产品用途，又减少了装配工序，使制造工艺简化。

5）压铸件组织致密，具有较高的强度和硬度。因为液态金属是在压力下凝固的，又因填充时间很短，冷却时间极快，所以组织致密，晶粒细化，使铸件具有较高的强度和硬度，并具有良好的耐磨性和耐蚀性。

6）可以实现自动化生产。因为压铸工艺大都为机械化和自动化操作，生产周期短，效率高，适合大批量生产。

**2. 压铸工艺的缺点**

1）由于高速填充，快速冷却，型腔中气体来不及排出，致使压铸件常有气孔及氧化夹杂物存在，从而降低了压铸件质量。因高温时气孔内的气体膨胀会影响压铸件的表面质量，因此，有气孔的压铸件不能进行热处理。

2）压铸机和压铸模具费用昂贵，不适合小批量生产。

3）压铸件尺寸受到限制。由于受到压铸机锁模力及装模尺寸的限制而不能压铸大型压铸件。

4）压铸合金种类受到限制。由于压铸模具受到使用温度的限制，目前主要用来压铸锌合金、铝合金、镁合金及铜合金。

## 二、压铸机的种类及工作原理

压铸机一般分为热压室压铸机和冷压室压铸机两大类，冷压室压铸机按压室结构和布置方式又分为卧式、立式和全立式冷压室压铸机三种。

**1. 热压室压铸机**

（1）热压室压铸机的压铸过程　热压室压铸机的压铸过程如图 4-31 所示。压射冲头上升时，熔融合金通过进口进入压室内，合模后，在压射冲头 3 向下运动，熔融合金由压室经鹅颈管、喷嘴和浇注系统进入模具型腔，冷却凝固成压铸件，动模移动与定模分离而开模，通过推出机构推出铸件而脱模，取出铸件，即完成一个压铸循环。

（2）热压室压铸机的特点　热压室压铸机结构简单，操作方便，生产率高，工艺稳定，铸件夹杂少，质量好。但由于压室和压射冲头长时间浸在熔融合金中，极

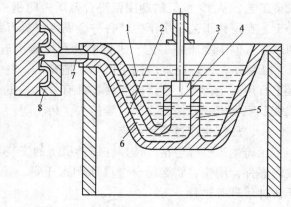

图 4-31　热压室压铸机压铸过程

1—熔融合金　2—坩埚　3—压射冲头　4—压室
5—进口　6—鹅颈管　7—喷嘴　8—压铸模

易产生粘咬和腐蚀，影响使用寿命，且压室更换不便，因此它通常用于压铸锌合金、铝合金和锡合金等低熔点合金。因其生产率高，且熔融合金纯度较高和温度波动范围小，故近年来

还扩大应用于压铸镁合金、铝合金铸件。

2. 立式冷压室压铸机

（1）立式冷压室压铸机的结构　立式冷压室压铸机的结构如图 4-32 所示，其压室和压射机构是处于垂直位置，压室中心与模具运动方向垂直。

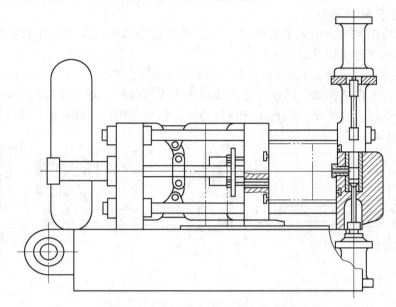

图 4-32　立式冷压室压铸机的结构

（2）立式冷压室压铸机的压铸过程　压铸过程如图 4-33 所示，合模后，浇入压室中的熔融合金被已封住喷嘴孔的反料冲头托住，当压射冲头向下运动压至熔融合金液面时，反料冲头开始下降，打开浇口道孔，熔融合金进入模具型腔。凝固后，压射冲头退回，反料冲头上升切除余料并顶出压室，取走余料后反料冲头降至原位，然后开模取出铸件，即完成一个压铸循环。

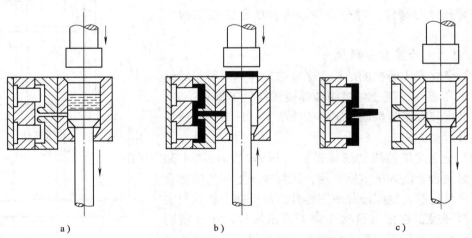

a）　　　　　　　　　　b）　　　　　　　　　　c）

图 4-33　立式冷压室压铸机压铸过程
a）合模　b）压铸完成　c）开模

（3）立式冷压室压铸机的特点　立式冷压室压铸机由于压射前反料冲头封住了喷嘴孔，有利于防止杂质进入型腔，其主要用于开设中心浇口的各种有色合金压铸件生产。因压射机构直立，占地面积小，但因增加了反料机构，因此结构复杂，操作和维修不便，且影响生产率。

3. 卧式冷压室压铸机

（1）卧式冷压室压铸机的结构形式　卧式冷压室压铸机的压室和压射机构处于水平位置，压室中心线平行于模具运动方向。

（2）卧式冷压室压铸机的压铸过程　其压铸过程如图4-34所示，合模后，熔融合金浇入压室，压射冲头向前推动，熔融合金经浇道压入模具型腔，凝固冷却成压铸件，动模移动与定模分开而开模，在推出机构作用下推出铸件，取出压铸件，即完成一个压铸循环。

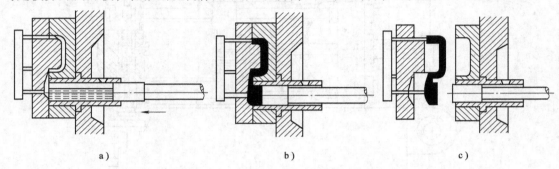

a)　　　　　　　b)　　　　　　　c)

图 4-34　立式冷压室压铸机压铸过程
a) 合模　b) 压铸　c) 开模

（3）卧式冷压室压铸机的特点　卧式冷压室压铸机压力大，操作程序简单，生产率高，一般设有偏心和中心两个浇注位置，且可在偏心与中心间任意调节，比较灵活，便于实现自动化，设备维修也方便，因此广泛用于压铸各种非铁合金铸件，也适用于铁合金压铸件生产。但不便于压铸带有嵌件的铸件，对中心浇口铸件的压铸模结构复杂。

4. 全立式冷压室压铸机

（1）全立式压铸机的结构　全立式冷压室压铸机的结构如图4-35所示，其压射机构和锁模机构处于垂直位置，模具水平安装在压铸机动、定模安装板上，压室中心线平行于模具运动方向。

（2）全立式压铸机的压铸过程　压铸过程如图4-36所示，熔融合金浇入压室后合模，压射冲头上压使熔融合金进入模具型腔，凝固冷却成压铸件，动模向上移动与定模分开而开模，在推出机构作用下推出铸件，在开模同时，压射冲头上升到稍高于分型面顶出余料，压射冲头复位，取出铸件，即完成一个压铸循环。

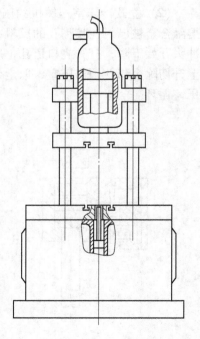

图 4-35　全立式冷压室压
铸机的结构

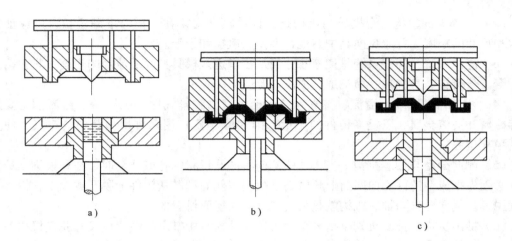

图 4-36　全立式冷压室压铸机的压铸过程
a) 浇注合金　b) 合模压铸　c) 开模

（3）全立式压铸机的特点　熔融合金进入模具型腔时流程短，压力损失小，故不需要很高的压射比压，冲头上下运行十分平稳，且模具水平放置，稳固可靠，安放嵌件方便，适用于各种非铁合金压铸。但其结构复杂，操作维修不方便，取出铸件困难，生产率低。

**三、压铸件的结构工艺性**

通常用于压铸生产的合金材料有锡、铅、锌、铝、镁、铜等，压铸件的结构是否合理，影响到工件是否能顺利成型，因此，从压铸件结构上看，主要应注意以下一些问题：

（1）壁厚　在满足使用要求的情况下，以薄壁和均匀壁厚为好，一般不宜超过 4.5mm。

（2）肋条　在铸件上设计肋条的目的除增加刚度、强度外，还可以使金属流动畅通和消除由于金属过分集中而引起的缩孔、气孔和裂纹等缺陷。

（3）铸孔　在压铸件上能铸出比较深而细的小孔。

（4）铸造圆角　铸造圆角可使金属液流动通畅，气体容易排除，并可避免因锐角而产生裂纹。

（5）起模斜度　为使工件顺利起模，必须设计起模斜度，合理的起模斜度，既不影响工件的使用性能，也可以减少脱模力或抽芯力。

（6）螺纹　工件上需外螺纹时，可采用两半分型的螺纹型环压铸成形；需内螺纹时，一般可先铸出底孔，再由机械加工成内螺纹。

压铸件的结构工艺性除以上几点外，还有齿轮、凸纹、槽隙、网纹、铆钉头、文字、标志、图案、嵌件等问题。

**四、压铸模的结构**

1. 压铸模的组成

压铸模的种类较多，复杂程度也不一样，但其基本结构都是由动模和定模两大部分组成。定模部分装在压铸机的定模板上，动模部分装在压铸机的动模板上，并随着压铸机的合模装置运动，实现锁模和开模。

根据模具上各零部件所起的作用，一般压铸模具可由以下几个部分组成。

（1）成型零部件　成型零部件是指动、定模中有关组成型腔的零件。如成型铸件内表面的型芯和成型铸件外表面的凹模以及各种镶件、成型杆件等。

（2）合模导向机构　合模导向机构是保证动模和定模在合模时准确定位，以保证铸件形状和尺寸的精度，并避免模具中其他零件发生碰撞和干涉。

（3）浇注系统　浇注系统是使液态金属从压室进入模具型腔所流经的通道，它包括主流道衬套、分流锥、直浇道、横浇道、内浇口等。

（4）溢流排气系统　溢流、排气系统包括溢流槽和排气槽（孔）等。溢流槽主要用来储存冷料和夹渣金属，以提高铸件的质量。排气槽（孔）用来排出型腔中的空气，使金属顺利填充型腔。

（5）侧向分型与抽芯机构　当铸件的侧向有凹凸形状的孔或凸台时，在开模推出铸件之前，必须先把成型铸件侧向凹凸形状的瓣合模块或侧向型芯从铸件上脱开或抽出，铸件方能顺利脱模。侧向分型与抽芯机构就是为实现这一功能而设置的。

（6）推出机构　推出机构是指分型后将铸件从模具中推出的装置，又称脱模机构。

（7）加热和冷却系统　加热和冷却系统亦称温度调节系统，它是为了满足压铸工艺对模具温度的要求而设置的。

（8）支承零部件　用来安装固定或支承成型零件及前述的各部分机构的零部件均成为支承零部件。

# 第四节　模锻工艺和锻模

锻造是指对金属坯料（不含板材）施加外力，使其产生塑性变形，从而改变其尺寸、形状或改善性能的加工方法，用以制造机械零件、工件、工具或毛坯。锻造生产广泛应用于机械，冶金、造船、航空、航天、兵器等许多工业部门，在国民经济中占有极为重要的地位。

**一、锻造的类型和特点**

*1. 锻造的分类*

（1）按锻造温度分类　针对锻件质量和锻造工艺要求的不同，在不同的温度区域进行的锻造可分为冷锻、温锻、热锻三个成型温度区域。通常，在再结晶的温度以上区域进行的锻造叫热锻，在再结晶温度以下进行的锻造叫冷锻。

（2）按锻造坯料的移动方式分类　按坯料的移动方式，锻造可分为自由锻、模锻、闭式模锻、闭式镦锻等。由于闭式模锻和闭式镦锻没有飞边，材料的利用率高，用一道工序或几道工序就可能完成复杂锻件的精加工。由于没有飞边，锻件的受力面积就减少，所需要的锻造力也减少。但是，应注意不能使坯料完全受到限制，为此要严格控制坯料的体积，控制锻模的相对位置和对锻件进行测量，减少锻模的磨损。

*2. 锻造的特点*

1）锻造可以改变金属材料内部组织，细化晶粒，提高其力学性能。

2）锻造生产具有较高的劳动生产率。如采用锻造的方式加工螺栓比采用机械加工的方式效率要高几十倍。

3）可锻造小于1kg的小件，也可以锻造几百千克的大件；可单件小批生产，也可大量成批生产。

由于锻造是在金属材料灼热状态下进行挤、压、锻、打成型的，因此生产过程存在高温、烟尘、振动和噪声等危害因素，另一方面锻造生产不能锻造外形和内孔复杂的工件。

**二、锻造设备简介**

常用模锻设备有模锻锤、热模锻压力机、螺旋压力机和平锻机等。

1. 模锻锤

模锻锤包括蒸汽空气模锻锤、无砧座锤、高速锤和液压模锻锤。蒸汽空气模锻锤如图4-37 所示，它是普遍应用的模锻锤。一般将蒸汽空气模锻锤简称为模锻锤。模锻锤规格用落下部分质量表示，有 1~16t 等多种。

与热模锻压力机相比，模锻锤的主要工作特性是：

1）模锻锤靠冲击力使金属变形，锤头具有较高的打击速度，在行程的最后，速度可达 7~9m/s，且受力系统不是封闭的，冲击力通过下砧传给基础。

2）锤头的行程不固定，单位时间内打击次数多。

3）抗偏载能力和导向精度较差，且无顶出装置。

4）模锻锤以其通用性好的优点被广泛应用。但是模锻锤因其冲击振动大，噪声大，工人劳功条件差，对厂房地基要求高，锻件质量差等一系列严重问题，在现代生产中将越来越多地被其他模锻设备所替代。

2. 热模锻压力机

热模锻压力机简称锻压机，如图4-38 所示，它是针对模锻锤的缺点由一般曲柄压力机发展而成的。工作时，依靠曲柄的传动，使滑块作上、下往复运动进行锻压。

热模锻压力机和模锻锤相比有以下工作特性。

1）电动机通过飞轮释放能量，滑块的压力基本上属于静压，工作时无振动和噪声。

2）机架和曲柄连杆机构的刚性大，工作时弹性变形小。

3）滑块行程一定，每一模锻工步只在一次行程完成。

4）滑块具有附加导向的象鼻形结构，从而增加了导向长度，提高了导向精度和承受偏载能力。

5）具有上、下顶杆装置，便于锻后工件脱模。

**三、模锻工艺**

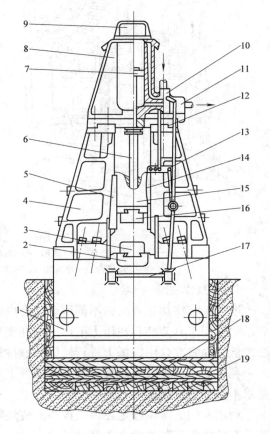

图 4-37　模锻锤

1—下砧座　2—模座　3—下锻模　4—锤身
5—导轨　6—锤杆　7—活塞　8—汽缸
9—保险汽缸　10—配气阀　11—节气阀
12—汽缸底板　13—杠杆　14—马刀形
杠杆　15—锤头　16—上锻模　17—脚
踏板　18—防振垫木　19—地基

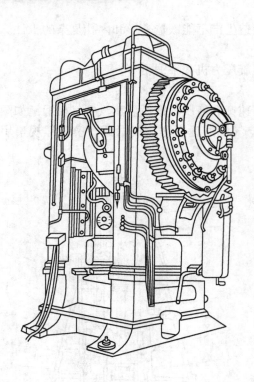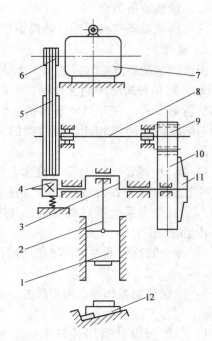

图 4-38　热模锻压力机

1—滑块　2—连杆　3—曲轴　4—制动器　5—大带轮　6—小带轮　7—电动机
8—传动轴　9—小齿轮　10—大齿轮　11—离合器　12—楔式工作台

1. 锻造工艺的分类

锻造工艺按加工方法的不同可分为自由锻、胎模锻和模锻。利用锻造设备的上、下砧和简单的通用工具使坯料在压力下产生塑性变形的锻造方法，称为自由锻。自由锻对锻造设备要求低，通常在自由锻锤上进行，因此锻件精度低。

利用简单的可移动模具，在自由锻锤上锻造，称为胎模锻。它通常用于批量不大，精度要求不高的锻件生产。

利用专门的锻模固定在模锻设备上使坯料变形而获得锻件的锻造方法称为模锻。模锻工艺是在自由锻工艺基础上发展起来的一种先进工艺。它是将金属加热，使其具有较高的塑性，然后置于锻模模腔中，由锻造设备施加压力，使金属发生塑性变形并充填模腔，得到所需形状并符合技术要求的模锻件。与自由锻件相比，模锻件尺寸精度高，加工余量小，表面质量好，可提供形状复杂的毛坯。特别是精密模锻工艺的应用，使模锻件少、无切屑加工成了现实。

2. 模锻工艺过程

模锻工艺过程即由坯料经过一系列加工工序制成模锻件的整个生产过程，如图 4-39 所示，主要由以下几种工序组成：

（1）备料工序　按锻件所要求的坯料规格尺寸下料，必要时还需对坯料表面进行除锈、防氧化和润滑等处理。

（2）加热工序　按变形工序所要求的加热温度对坯料进行加热。

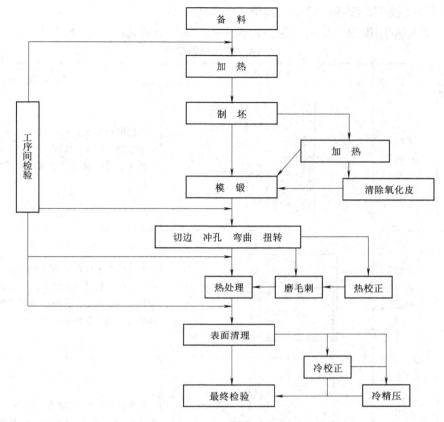

图 4-39 模锻工艺的一般流程

（3）模锻工序 生产中模锻工序往往又要分成多个工步来逐步实现。工步是在锻造加工时采用一种模具在锻造设备一次或多次动作下，使坯料产生一种方式的变形并获得一定的外观变形量的步骤。

模锻时，坯料在锻模的一系列模膛中变形，工步的名称和所用的模膛的名称相一致，如拔长工步所用的模膛叫拔长模膛。

由于模锻工序通常是通过多个工步来逐步实现，根据各工步作用的不同可分为制坯工步、模锻工步、切断工步三类。

制坯工步的作用是改变原毛坯的形状，合理地分配坯料，以适应锻件横截面形状的要求，使金属能较好地充满模锻模膛。每类锻件所需的制坯工步是不同的，如直长轴类锻件常用拔长、滚压、卡压等制坯工步（通常称第一类制坯工步）。而弯轴类和带枝芽的锻件除需采用第一类制坯工步外，还需采用弯曲、成形等制坯工步（通常称第二类制坯工步）。短轴类锻件一般都采用镦粗等制坯工步（通常称第三类制坯工步）。顶镦类锻件常用的制坯工步主要有积聚、冲孔。此外还有弯曲、压扁等。

模锻工步的作用是使经制坯的坯料得到最终锻件所要求的形状和尺寸。它一般包括预锻工步和终锻工步，每类锻件都需要终锻工步，而预锻工步应根据具体情况决定是否采用，如模锻时容易产生折叠和不易充满的锻件常采用预锻工步。

生产中模锻工序往往要分成好几个工步来逐步实现。如发动机上弯曲连杆锻件在锤上模锻时，就要经过拔长、滚压、弯曲、预锻、终锻等工步。

目前生产中所用模锻工步名称很多，表4-4列举其中常见的一部分工步。

表4-4　常用模锻工步

| 分类 | 序号 | 名称 | 加工示意图 | 成形特点说明 |
|---|---|---|---|---|
| 模锻工序 | 1 | 拔长制坯工步 | | 利用锻模模腔，同时操作坯料，一面翻转，一面送进，使坯料长度增加，截面积减小。一般要多次连续锻打才能完成。有去除氧化皮功能 |
| | 2 | 压扁（镦粗）制坯工步 | | 利用锻模上压扁平台或镦粗台，在锻造力作用下，使坯料截面积增大，高度减小。锻造力与坯料轴线垂直，称压扁制坯工步锻造力与坯料轴线一致称镦粗制坯工步 |
| | 3 | 滚压制坯工步 | | 利用锻模模腔，同时操作坯料不断翻转，在多次连续锻打下，使坯料一处截面积增大，另一处截面积减小，起聚料作用，同时有滚光和去除氧化皮功能 |
| | 4 | 卡压制坯工步 | | 又称压肩制坯工步。坯料在锻模模腔中只受锻压力一次作用，使高度减小宽度增加，有少量聚料作用 |
| | 5 | 弯曲工步 | | 利用模具使坯料轴线弯曲成形 |

（续）

| 分类 | 序号 | 名称 | 加工示意图 | 成形特点说明 |
|---|---|---|---|---|
| 模锻工序 | 6 | 挤压工步 | <br><br><br><br>（冲头、模套、凹模、坯料，图示为 $F$） | 坯料放在锻模内，在冲头压力下挤压成形。又分正挤压、反挤压、复合挤压、径向挤压等。图示为正挤压 |
| | 7 | 预锻工步 | 使制坯后的中间坯料进一步变形，使它更接近锻件形状，以改善坯料在终锻时流动条件，避免产生充填不满和折叠，并提高终锻模膛的寿命 | |
| | 8 | 终锻工步 | 使坯料在终锻模膛中最终成形，生产出符合锻件图要求的锻件 | |

（4）锻后工序 该类工序的作用是弥补模锻工序和其他前期工序的不足，使锻件最后能完全符合图样的要求，锻后工序包括有切边、冲孔、热处理、校正、表面清理，磨残余毛刺、精压等，见表 4-5。

**表 4-5 常见锻后工序**

| 分类 | 序号 | 名称 | 加工示意图 | 成形特点说明 |
|---|---|---|---|---|
| 锻后工序 | 1 | 切边（冲孔）工序 | <br><br><br><br>（凸模、锻件、凹模，图示为 $F$） | 利用切边或冲孔模在压力机上切除飞边或冲孔连皮，使锻件符合锻件图的要求 |
| | 2 | 热处理工序 | 按图样要求进行退火或调质等热处理；有要求的还要进行喷丸，酸洗等表面处理 | |
| | 3 | 校正工序 | 为消除锻件在锻后产生的弯曲、扭转等变形，使之符合锻件图技术要求而进行的修整工序称为校正 | |
| | 4 | 精压工序 | 是利用平板或模具对锻件进行少量压缩以达到高的精度（形状和尺寸）和低的表面粗糙度值的一种工序 | |

（5）检验工序 检验工序包括工序间检验和最终检验。工序间检验一般为抽检。检验项目包括几何形状尺寸、表面质量、金相组织和力学性能等，具体检验项目需根据锻件的要求确定。

**四、锻模的类型**

锻模是金属在热态或冷态下进行体积成形时所用模具的统称。锻模的种类很多。按模膛数量可分为单模膛模和多模膛模；按制造方法可分为整体模和组合模；按锻造温度可分为冷锻模、温锻模和热锻模；按成形原理可分开式锻模（有飞边锻模）和闭式锻模（无飞边锻模）；按工序性质可分为制坯模、预锻模、终锻模、弯曲模等。通常，锻模按锻造设备分为胎模、锤锻模、机锻模、平锻模、辊锻模等。

### 1. 胎模

在自由锻设备上锻造模锻件时使用的模具称为胎模。胎模锻是从自由锻造工艺发展而来的一种锻造方法，尽管在许多方面不及一般模锻，但与自由锻相比，却具有明显的优越性，如锻件形状复杂，尺寸精度高，表面粗糙度值小，变形均匀，流线清晰，材料节约，生产率高及劳动强度较低等。胎模锻是使用非固定的简单模具，适用于小批量的锻件生产。

胎模的种类很多，用于制坯的有摔模、扣模和弯曲模；用于成形的有套模、垫模和合模，用于修整的有校正模、切边模、冲孔模和压印模等。

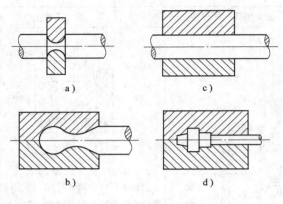

图 4-40 摔模

a) 卡摔 b) 型摔 c) 光摔 d) 校正摔

各种胎模在用途上具有多重性，如摔模可用于压痕，称为卡模；用于制坯的为型摔；用于整径的为光摔；用于校正整形的为校正摔，如图 4-40 所示。摔模的共同特征是都用于圆形件合模终锻前的制坯、整形或摔光。扣模除双扇扣模形式外，还有单扇扣模（图 4-41），常用于非圆形件合模前

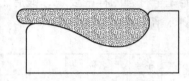

图 4-41 单扇扣模

的制坯或成形以及局部扣形。弯曲模大体上分为制坯弯曲和成形弯曲两种。套模分带垫和无垫两种，主要用于法兰件、齿轮、杯形件成形。若生产双面法兰，则应采用拼分套模。合模与单模膛锻模相似，为了保证一定的精度，在结构上有带导销、带导锁、导销—导锁及导框等形式。图 4-42 所示为带导销形式的合模。由于合模用于最终成型，因而所需变形力锻锤吨位最大。

### 2. 锤锻模

在模锻锤上使坯料成形为模锻件或其半成品的模具称锤锻模。整体式多模膛锤锻模如图 4-43 所示，它由上下两个模块组成。上下模的分界面称为分型面，它可以是平面，也可以是曲面。复杂的锻件可以有两个以上的分型面。为了使被锻金属获得一定的形状和尺寸在模块上加工出的成形凹槽称为模膛，是锻模工作部分。图 4-43 所示整体式多模膛锤锻模有拔长、弯曲、预锻和终锻模膛，使坯料逐步成形。

为了便于夹持坯料，取出锻件，在模膛出口处设置的凹腔称为钳口，钳口与模膛间的沟槽称为浇口，浇口不仅增加了锻件与钳夹头连接的刚度有利于锻件出模，还可以用作浇

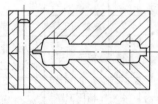

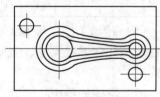

图 4-42 合模

注铅样或金属盐样的注入口，以便复制模膛，用作检验。为防止锻锤打击时产生上下模错移，在模块上加工出凸凹相配的凸台和凹槽称为锁扣，锻模上用楔铁与锤头或砧座相连接部分称为燕尾。

在燕尾中部加工出凹槽和锤头、砧座或垫板上相应凹槽相配，称为键槽，用以安放定位

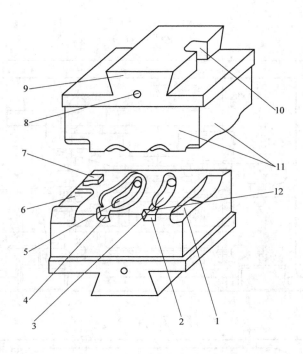

图 4-43　整体式多模膛锤锻模

1—弯曲模膛　2—预锻模膛钳口　3—预锻模膛　4—终锻模
膛钳口　5—终锻模膛　6—拔长模膛　7—锁扣　8—起吊孔
9—燕尾　10—键槽　11—检验角　12—浇口

键。在锻模上加工出相互垂直的两个侧面称为检验角，检验角是模膛加工的划线基准，也是上下模对模的基准。

3. 机锻模

在机械压力机（如热模锻曲柄压力机）上使坯料成形为模锻件或其半成品的模具称为机械压力机锻模，简称机锻模。机锻模如图 4-44 所示，由上下模座和导柱、导套组成模架，下模座可安装推出机构。用六个锻模镶块构成模膛，锻模镶块圆柱面上开有圆柱形凹槽，靠压板 4 螺钉 3 和后挡板 9 紧固在模座上，用定位键 6 定位。这种形式的锻模又称组合式机锻模。

4. 平锻模

在水平锻造机上使坯料成形为模锻件或其半成品的模具称平锻模。平锻模如图 4-45 所示，凸模 1 由凸模夹持器固定在主滑块上作水平往复运动，凹模又分成两半，一半固定在机架上称为固定凹模，另一半固定在侧滑块上称为活动凹模。锻造时侧滑块先动作把坯料夹紧，然后主滑块推动凸模锻压坯料成形。

5. 辊锻模

在辊锻机上将坯料纵轧成形的扇形模具称为辊锻模。辊锻模如图 4-46 所示，在两块扇形块的外表面分别制出型槽，用压板螺钉把扇形锻模安装在上下轧辊上。轧辊作相对转动，扇形锻模转到中心线附近时锻压坯料，迫使坯料在锻模内成形。

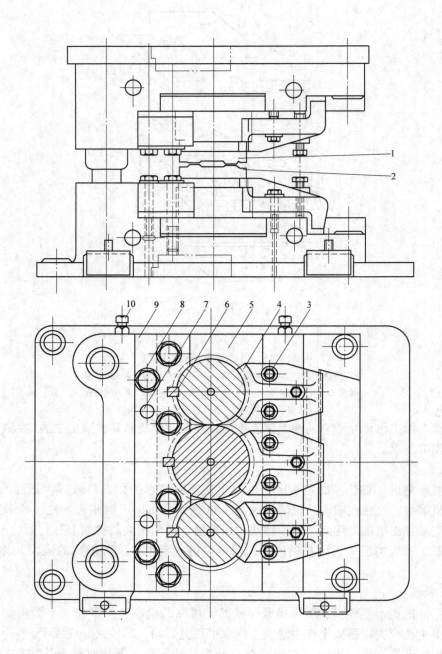

图 4-44　机锻模

1—上模模膛镶块　2—下模模膛镶块　3、8、10—螺钉　4—压板
5—下模座　6—定位键　7—销钉　9—后挡板

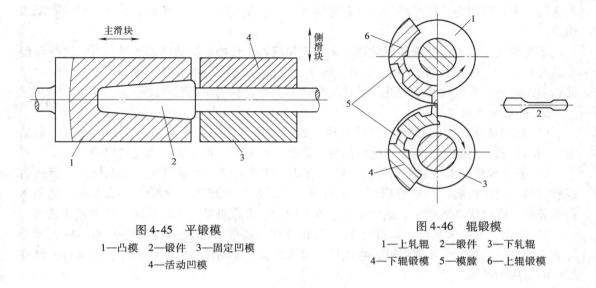

图 4-45 平锻模
1—凸模 2—锻件 3—固定凹模
4—活动凹模

图 4-46 辊锻模
1—上轧辊 2—锻件 3—下轧辊
4—下辊锻模 5—模膛 6—上辊锻模

# 第五节 玻璃模具

玻璃是由石英砂、纯碱、长石及石灰石等原料在 1550～1600℃ 高温下熔融、澄清、匀化、冷却而成。如在玻璃中加入某些金属氧化物、化合物或经过特殊工艺处理，还可制得具有各种不同特性的特种玻璃。

玻璃是一种非结晶无机物，透明、坚硬，且具有良好的耐蚀、耐热和电学光学特性，能制成各种形状的制件。特别是其原料丰富，价格低廉，因此获得了广泛的应用。

## 一、玻璃及玻璃制品

### 1. 玻璃的共性

（1）没有固定的熔点 玻璃有一个从熔融状态到固体状态的连续变化的过程，即有一个从转变温度到软化温度的温度范围。在该温度范围中，发生熔体向固体的可逆性的转变，许多物理性能都发生连续且剧烈变化，该温度范围称为玻璃的"转变区"或"反常区"。

（2）各向同性 玻璃通常是透明的，可以制作均质透光材料。当玻璃内部不存在应力或缺陷的情况下，光线在内部的散射很少，其力学、热学、电学等性能都是各向相同的。

（3）没有晶界或粒界 可获得原子、分子级平滑表面，并具有良好的气密性。

（4）性能可设计性 玻璃的膨胀系数、粘度、电导、电阻、介电损耗、离子扩散速度及化学稳定性等性能一般都遵循加和法则，可通过调整成分及提纯、掺杂、有机无机改性、表面处理、混杂及微晶化等技术。获得所要求的高强、耐高温、半导体、激光、光电、磁光、声光、红外光学及非线性光学等性能。

（5）无固定形态 可按制作者的要求改变其形态。如可以制成粉体、薄膜、纤维、块体、空心腔体、微珠、多孔体和混杂系复合材料等。

### 2. 玻璃的类型

玻璃的种类很多，按其化学成分来分有钠钙玻璃、铝镁玻璃、钾玻璃、硼硅玻璃、铅玻璃和石英玻璃等；按其加工工艺来分有普通平板玻璃、浮法玻璃、吸热玻璃、钢化玻璃、磨砂玻璃、夹丝玻璃等；按产品用途分有光学玻璃、工业玻璃、药用玻璃、器皿玻璃、瓶罐玻璃等。

新型玻璃主要包括特殊的氧化物、卤化物和硫属化合物系统的非晶态材料等。这些新型非晶态材料，一般都具有特殊的光学、磁学、电学（绝缘、半导体、超导等）、记忆、存储、功能转换、非线性光学特性，已成为现代非晶态材料的研究热点之一。

3. 玻璃制品的类型

1）瓶罐玻璃、器皿玻璃和容器玻璃，如啤酒瓶、酒瓶、清凉饮料瓶、牛奶瓶、食品瓶、调味料瓶、耐酸瓶、药瓶、化妆品瓶、器皿、玻璃杯、保温瓶、钢化器皿等。

2）平板玻璃，如普通平板玻璃、磨砂玻璃、磨光玻璃、双层玻璃、玻璃镜子、半透明镜膜玻璃、型板玻璃、夹丝玻璃、夹层玻璃、遮断紫外线玻璃、遮断红外线玻璃、遮断 X 射线玻璃、透过紫外线玻璃、钢化玻璃、着色玻璃、彩色玻璃、镶嵌玻璃、弯曲板玻璃等。

3）灯泡、真空管玻璃，如灯泡的泡壳和芯柱、接受管和发射管的泡壳和芯柱、荧光灯、水银灯、显像管、X 射线管、整流管、超短波管、极超短波管、汽车灯、杀菌灯、红外线灯泡等用的玻璃。

4）理化、医疗用玻璃，如仪器玻璃、医疗用玻璃、温度计、体温计、燃烧管、玻璃管、玻璃电极等。

5）工艺美术玻璃，如品质玻璃、刻花玻璃、玻璃珍珠、光珠、仿造宝石、玻璃球、手环、纽扣、穿孔珠制品、五彩玻璃等。

6）照明器具玻璃，如灯罩、球灯罩、投光器、前面玻璃、反射器、导电玻璃、颜色玻璃制品、信号灯、灯塔玻璃、反射性小玻璃珠、电场发光板、发热板、感光玻璃等。

7）建筑用玻璃，如玻璃砖、玻璃饰面砖、铺路玻璃、玻璃瓦等。

8）光学玻璃，滤片玻璃，如镜头、三棱镜、反射镜、眼镜、护目镜、滤片、红外线透过黑色玻璃、鉴别紫外线用玻璃等。

**二、玻璃成型方法**

玻璃成型是指将熔化的玻璃转变为具有一定几何形状制件的过程。熔融玻璃在可塑状态下的成型过程与玻璃液粘度、固化速度、硬化速度及表面张力等要素有关。

玻璃成型方法，从生产方面可分为人工成型和机械成型；从加工方面可分为压制法、吹制法、拉制法、压延法、浇铸法和烧结法。

1. 压制法

压制法是将塑性玻璃熔料放入模具，受压力作用而成型的方法，该方法生产多种多样的空心或实心制件，如玻璃砖、透镜、水杯等。

压制法特点是制件形状比较精确，能压出外表面花纹，工艺简单，生产率较高。但压制法的应用范围有一定限制，首先压制件的内腔形状应能够使冲头从中取出，因此，内腔不能向下扩大，同时内腔侧壁不能有凸、凹部位；其次，由于薄层的玻璃液与模具接触会因冷却而失去流动性，因此，压制法不能生产薄壁和沿压制方向较长的制件。另外，压制件表面不光滑，常有斑点和模缝。

2. 吹制法

吹制法又分压—吹法和吹—吹法。压—吹法是先用压制的方法制成制件的口部和雏形，然后移入成型模中吹成制件。利用压—吹法生产广口瓶如图 4-47 所示，先把熔态玻璃料加入雏形模 4 中，接着冲头 1 压下，然后将口模 2 和雏形一起移入成型模 6 中，放下吹气头 5，用压缩空气将雏形吹制成型。口模和成型模均由两瓣组成并由铰链 3 相连，成型后打开口模和成型模，取出制件，送去退火。

吹—吹法是先在带有口模的雏形模中制成口部和吹成雏形，再将雏形移入成型模中吹成制件。主要用于生产小口瓶等制件。

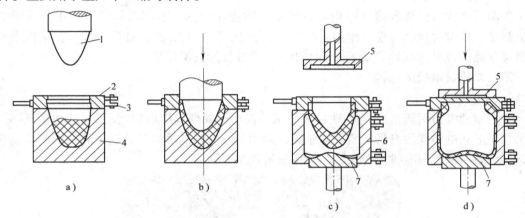

图 4-47　利用压—吹法生产广口瓶
a）加料　b）压制　c）移入成型模　d）吹成型
1—冲头　2—口模　3—铰链　4—雏形模　5—吹气头　6—成型模　7—底板

**3. 拉制法**

拉制法主要用于玻璃管、棒、平板玻璃和玻璃纤维等生产。

**4. 压延法**

压延法是将玻璃料液倒在浇铸台的金属板上，然后用金属辊压延使之变为平板，然后送去退火。厚的平板玻璃、刻花玻璃、夹金属丝玻璃等，可用压延法制造。

**5. 浇铸法**

浇铸法又分普通浇铸和离心浇铸。

普通浇铸法就是将熔好的玻璃液注入模型或铸铁平台上，冷却后取出退火并适当加工，即成制件，常用于建筑用装饰品、艺术雕刻等玻璃生产中。

离心浇铸是将熔好的玻璃液注入高速旋转的模型中。由于离心力作用，使玻璃液体紧贴到模型壁上，直到玻璃冷却硬化为止。离心浇铸成型的制件，壁厚对称均匀，常用于大直径玻璃器皿的生产。

**6. 烧结法**

烧结法是将粉末烧结成型，用于制造特种制件及不宜用熔融态玻璃液成型的制件。这种成型法又可分为干压法、注浆法和用泡沫剂制造泡沫玻璃。

**三、玻璃模分类**

从原材料进厂到玻璃制品出厂的整个工艺流程包括配料、熔制、成型、退火、加工、检验等工序。在这样的成型工序中，模具是不可缺少的工艺装备，玻璃制品的质量与产量均与模具直接相关。用于玻璃制品成型的工艺装置，称为玻璃成型模具，简称玻璃模。玻璃模有多种分类方法。

1. 按成型方法分

按玻璃制品成型方法可分为压制模、吹制模。

2. 按成型过程分

按成型过程可分为成型模和雏形模。

3. 按润滑方式分

按润滑方式可分为敷模（冷模）和热模。敷模模内壁敷有润滑涂层，多用于吹制空心薄壁制品，成型时制品与模具作相对旋转。一般采用水冷却，此模亦称冷模。热模多用于空心厚壁制品的成型。模具常采用风冷并用油润滑或加涂润滑涂层。

**四、常见玻璃模的结构**

1. 吹制模

吹制模通常由两瓣组成，如图 4-48 所示，仅用于成型日用玻璃制品。它成型形状简单，对尺寸和形状的精度没有特殊要求的瓶罐，是吹制玻璃制品早期延续至今的主要模具。常用木材、塑料制造。只有批量较大时，才用灰铸铁制造。

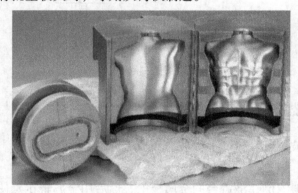

图 4-48　吹制模

2. 压制模

压制模主要用于日用玻璃制品和工业玻璃制品的生产，其制品形状复杂，可带有花纹图案。

3. 机制模

全部由机械控制完成玻璃制品成形的工艺装置，称为机制模，大概有以下四种：

1）行列式制瓶机吹—吹模。

2）行列式制瓶机双滴料单腔吹—吹模。

3）行列式制瓶机压—吹模。

4）回转式制瓶机滴料压—吹模。

# 复习思考题

4-1　简述挤出成型的原理和用途。

4-2　简述管材挤出成型的工艺过程。

4-3　管材挤出机头的类型有哪些？其基本结构由哪几部分组成？

4-4　常见的吹塑薄膜机头有哪些类型？各有何特点？

4-5　什么叫挤出吹塑？什么是注射吹塑？什么是注射延伸吹塑？各有何特点？

4-6　挤出吹塑模具的结构由哪几部分组成？各部分各有何作用？

4-7　挤出吹塑模与注射吹塑模的结构有何区别？

4-8　压铸机由哪些类型，各有何特点？

4-9　压铸模的结构由哪几部分组成，各有何作用？

4-10　什么叫锻造，它有哪些类型？

4-11　什么叫自由锻？什么叫胎模锻？什么叫模锻？模锻工艺过程是怎样？

4-12　锻模有哪些类型？

4-13　玻璃有哪些成型方法？

# 第五章 模具寿命及模具材料

**【学习目的】**
1. 理解模具寿命的概念及其实效形式。
2. 了解影响模具寿命的因素。
3. 了解塑料模具材料、冲压模具常用材料。

## 一、模具寿命

模具寿命指在保证制件品质的前提下，所能成型出的制件数。它包括反复刃磨和更换易损件，直至模具的主要部分更换前所成型的合格制件总数。

模具的失效分为非正常失效和正常失效。非正常失效（早期失效）是指模具未达到一定的工业水平下公认的寿命时就不能使用。非正常失效的形式有塑性变形、断裂、局部严重磨损等。正常失效是指模具经大批量生产使用，因缓慢塑性变形、较均匀地磨损或疲劳断裂而不能继续使用。

### 1. 模具正常寿命

模具正常失效前生产出的合格产品的数目称为模具正常寿命，简称模具寿命；模具首次修复前生产出的合格产品的数目称为首次寿命；模具一次修复后到下一次修复前所生产出的合格产品的数目称为修模寿命。模具寿命是首次寿命与各次修复寿命的总和。

模具寿命与模具类形和结构有关，它是一定时期内模具材料性能、模具设计与制造水平、模具热处理水平及使用、维护水平的综合反映。模具寿命在一定程度上反映一个地区、一个国家的冶金工业、机械制造工业水平。

### 2. 模具失效形式及原因

模具种类繁多，工作状态差别很大，损坏部位也各异，但失效形式归纳起来大致有三种，即磨损、断裂、塑性变形失效。

（1）磨损失效 模具在工作时，与成形坯料接触，产生相对运动。由于表面的相对运动，接触表面逐渐失去物质的现象叫磨损。磨损失效可分为以下几种：

1）疲劳磨损。两接触表面相对运动时，在循环应力（机械应力与热应力）的作用下，使表面金属疲劳脱落的现象称为疲劳磨损。

2）气蚀磨损和冲蚀磨损。金属表面的气泡破裂，产生瞬间的冲击和高温，使模具表面形成微小麻点和凹坑的现象称为气蚀磨损。液体和固体微小颗粒反复高速冲击模具表面，使模具表面局部材料流失，形成麻点和凹坑的现象称为冲蚀磨损。

3）磨蚀磨损。在摩擦过程中，模具表面和周围介质发生化学或电化学反应，再加上摩擦力的机械作用，引起表面材料脱落的现象称为磨蚀磨损。

磨损的交互作用摩擦磨损情况很复杂，在一定的工况下，模具与工件（或坯料）相对运动中，磨损一般不只是以一种形式存在，往往是以多种形式并存，并相互影响。

（2）断裂失效 模具出现大裂纹或分离为两部分或数部分而丧失工作能力时，称为断裂失效。断裂可分为塑性断裂和脆性断裂。模具材料多为中、高强度钢，断裂的形式多为脆性断裂。脆性断裂又可分为一次性断裂和疲劳断裂。

（3）塑性变形失效　塑料模具在工作时承受很大的应力，而且不均匀。当模具的某个部位的应力超过了其材料的屈服极限时，就会以晶格滑移、孪晶、晶界滑移等方式产生塑性变形，从而改变几何形状或尺寸，而且不能修复再服役时，此现象称为塑性变形失效。塑性变形的失效形式表现为镦粗、弯曲、形腔胀大、塌陷等。

模具的塑性变形是模具金属材料的屈服过程。是否产生塑性变形，起主导作用的是机械负荷及模具材料的高温强度。在高温下工作的模具，是否产生塑性变形，主要取决于模具的工作温度和模具材料的高温强度。

3. 影响模具寿命的因素

（1）模具结构的影响　模具结构对模具受力状态的影响很大，合理的模具结构能使模具工作时受力均匀，不易偏载，应力集中小。模具种类繁多，形式差别很大，工作环境也不同，下面从几个具有共性的方面加以讨论。

1）圆角半径。圆角半径分为外（凸）圆角半径和内（凹）圆角半径。工作部位圆角半径的大小，不仅对成型过程及成型件质量有影响，也对模具的失效形式及寿命产生影响。

2）模具结构形式。

① 整体模具与镶拼模具整体模具的凹圆角半径很易造成应力集中，并由此引起开裂。

② 模具的导向采用导向装置的模具，能保证在模具中各相关零件相互位置的精度，增加模具抗弯曲、抗偏载的能力，避免模具不均匀磨损。

（2）模具工作条件的影响

1）成型件的材料、温度。

① 材料。成型件的材料有金属和非金属。非金属材料的强度一般较低，所需的成型力小，模具受力小，模具寿命高。因此，金属件成型模具比非金属成型模具的寿命低。

② 温度。在成型高温工件时，模具因接受热量而升温，随着温度的上升，模具的强度下降，易产生塑性变形。同时，模具同工件接触的表面与非接触表面温度差别很大，在模具中造成温度应力。

2）设备特性。

① 设备的精度与刚度。模具成型工件的力是由设备提供的，在成型过程中，设备因受力将产生弹性变形。

② 速度。设备对模具及工件的作用力是在一段时间内逐渐增加的，设备速度影响施力过程。设备速度越高，模具在单位时间内受的冲击力越大（冲量大）；时间越短，冲击能量来不及传递和释放，易集中在局部，造成局部应力超过模具材料的屈服应力或断裂强度。因此，设备速度越高，模具越易断裂或塑性变形失效。

3）润滑。润滑模具与坯料的相对运动表面，可减少模具与坯料的直接接触从而减少磨损，降低成型力。同时，润滑剂还能在一定程度上阻碍坯料向模具传热，降低模具温度，对提高模具寿命都是有利的。

（3）模具材料性能的影响　模具材料的性能对模具的寿命影响较大，这些性能包括强度、冲击韧度、耐磨性、耐蚀性、硬度、热稳定性和耐热疲劳性等。

（4）模具制造过程的影响

1）锻造时，模块加热和冷却所带来的内外温差会产生温差应力；镦粗、冲孔和扩孔等过程如技术参数选择不当易使锻坯开裂。此外，当锻比超过一定值后，由于形成纤维组织，横向力学性能急剧下降，导致各向异性。

2）在模具的电加工中，会出现不同程度的变质层，此外由于局部骤热和骤冷，还容易形成残余应力和龟裂。

3）热处理的影响。模具热处理安排在模块锻造、粗加工之后，几乎是模具加工的最终工序。模具材料的选用及热处理工序的确定对模具性能的影响极大。

## 二、模具材料

### （一）塑料模具材料

#### 1. 满足工作条件要求

（1）耐磨性　坯料在模具型腔中发生塑性变性时，坯料会沿型腔表面既流动又滑动，使型腔表面与坯料间产生剧烈的摩擦，从而导致模具因磨损而失效。所以，材料的耐磨性是模具最基本、最重要的性能。

（2）硬度　硬度是影响耐磨性的主要因素。一般情况下，模具零件的硬度越高，磨损量越小，耐磨性也越好。另外，耐磨性还与材料中碳化物的种类、数量、形态、大小及分布有关。

（3）强度和韧性　模具工作时常承受较大的冲击负荷，从而导致脆性断裂。为防止模具零件在工作时突然脆断，要求其具有较高的强度和韧性。模具的韧性主要取决于材料的含碳量、晶粒度及组织状态。

（4）疲劳断裂性能　模具工作过程中，在循环应力的长期作用下，往往导致疲劳断裂。其形式有小能量多次冲击疲劳断裂、拉伸疲劳断裂、接触疲劳断裂及弯曲疲劳断裂。模具的疲劳断裂性能主要取决于其强度、韧性、硬度、以及材料中夹杂物的含量。

（5）高温性能　当模具的工作温度较高时，会使硬度和强度下降，导致模具早期磨损或产生塑性变形而失效。因此，模具材料应具有较高的回火稳定性，以保证模具在工作温度下，具有较高的硬度和强度。

（6）耐冷热疲劳性能　有些模具在工作过程中处于反复加热和冷却的状态，使型腔表面受拉、压力变应力的作用，引起表面龟裂和剥落，增大摩擦力，阻碍塑性变形，降低了尺寸精度，从而导致模具失效。冷热疲劳是热作模具失效的主要形式之一，所以，这类模具应具有较高的耐冷热疲劳性能。

（7）耐蚀性　塑料模在工作时，由于塑料中存在氯、氟等元素，受热后分解析出 HCl、HF 等强侵蚀性气体，侵蚀模具型腔表面，加大其表面粗糙度值，加剧磨损失效。

#### 2. 满足工艺性能要求

模具的制造一般都要经过锻造、切削加工、热处理等几道工序。为保证模具的质量，降低生产成本，其材料应具有良好的可锻性、可加工性、淬硬性、淬透性及可磨削性，还应具有小的氧化、脱碳敏感性和淬火变形开裂倾向。

（1）可锻性　具有较低的热锻变形抗力，塑性好，锻造温度范围宽，锻裂冷裂及析出网状碳化物倾向低。

（2）退火工艺性　球化退火温度范围宽，退火硬度低且波范围小，球化率高。

（3）可加工性　切削用量大，刀具损耗低，加工表面粗糙度值小。

（4）氧化、脱碳敏感性　高温加热时抗氧化性能好，脱碳速度慢，对加热介质不敏感，产生麻点倾向小。

（5）淬硬性　淬火后具有均匀而高的表面硬度。

（6）淬透性　淬火后能获得较深的淬硬层，采用缓和的淬火介质就能淬硬。

（7）淬火变形开裂倾向　常规淬火体积变化小，形状翘曲、畸变轻微，异常变形倾向低。常规淬火开裂敏感性低，对淬火温度及工件形状不敏感。

（8）可磨削性　砂轮相对损耗小，无烧伤极限磨削用量大，对砂轮质量及冷却条件不敏感，不易发生磨伤及磨削裂纹。

3. 满足经济性要求

选择模具材料时，必须尽可能地降低制造成本。因此，在满足使用性能的前提下，首先选用价格较低的，能用碳钢就不用合金钢，能用国产材料就不用进口材料。

4. 适用于塑料模的钢材

（1）结构零件用钢　塑料模具中有许多单纯为了组成模具结构的零件，如注射模具的座板、垫板等，一般采用碳素结构钢。

1）Q235A。价格低，用于注射模的动模及定模座板、垫板等。

2）45钢。产量最大、用途最广，可用于注射模具的推杆固定板、侧滑块导轨、侧滑块体等，也可用于制造形状简单的型芯和凹模。但其有效寿命（保证精度的寿命）不过50000～80000次，而且抛光性不良，调质后硬度不足而且硬化层浅。

3）55钢。用于制造形状简单、精度要求不高的中型塑料注射模具的成型零件，也可用于制造注射模具的推板、侧滑块体、楔紧块、模套、复位杆、直径较大的推杆、型芯固定板、支承板等。

4）40Cr。用途广泛的中碳低合金钢，可用于制造形状不太复杂的中小型热塑性注射模具的成型零件及小的型芯、推杆、其他各种脱模机构的零件。可以淬硬、调质。

5）T7A、T8A。用于制造导柱、导套、斜导柱、弯销、推杆、耐磨垫片、热固性压缩模的承压板及一切需要淬硬到45HRC以上的零件，也可以制造形状简单的压缩模成型零件。

（2）模具钢

1）通用模具钢。

① CrWMn、9Mn2V、9SiCr。用于热固性压缩模、压注模和注射模的成型零件，热处理性能较好。

② 5CrMnMo。用于调质后精加工的大型热塑性塑料注射模具的成型零件，淬火变形小，但抛光性差。

③ CrMn2SiWMoV。用于热固性塑料注射模的复杂型芯、嵌件等，可以淬硬（空淬）而微变形。

④ 20CrMnTi。用于小型精密型腔嵌件，用渗碳增加表面硬度，提高耐磨性。

⑤ 38CrMoAl。用于制造聚氯乙烯、聚碳酸酯等成型时有腐蚀性气体产生的注射模型腔，可以作渗氮处理，调质后具有一定的硬度（28～32HRC），渗氮后表面硬度可达1000HV。调质后不渗氮时，耐磨性差。

2）塑料模具专用模具钢。

① 预硬化钢。

　　a. 3Cr2Mo（P20）。美国通用的塑料模具钢，预硬化后硬度 36～38HRC。用于中、小型热塑性塑料注射模的成型零件。真空熔炼的品种可以抛成镜面光泽。抗拉强度约为 1330MPa。

　　b. 5CrNiMnMoVSCa（5NiSCa）、55CrNiMnMoVS（SMI）。这两种为含硫易切削钢，适用于制造大、中型热塑性塑料注射模具的成型零件。预硬化后硬度 35～45HRC。

　　② 析出硬化钢。适用于热塑性塑料及热固性塑料注射模的成型零件，要求长寿命而精度高的中、小型模具。

　　a. 20CrNi3AlMnMo（SM2）。预硬化后时效硬化，硬度可达 40～45HRC。

　　b. 10Ni3CuAlVS（PMS）。预硬化后时效硬化，硬度可达 40～45HRC。热变形极小，可作镜面抛光，适用于腐蚀精细花纹。抗拉强度约 1400MPa。

　　③ 马氏体时效钢（06Ni6CrMoVTiAl、06Ni7Ti2Cr）。在未加工前为固溶体状态，易于加工。精加工后以 480～520℃ 温度进行时效，硬度可达 50～57HRC。适用于制造要求尺寸精度高的小型塑料注射模的成型零件，可作镜面抛光。

　　④ 镜面钢。

　　a. 10Ni3CuAlVS（PMS）。

　　b. 8CrMnWMoVS（8CrMn）。易切预硬化钢，抗拉强度可达 3000MPa，用于大型注射模具可以减小模具体积。调质后硬度 33～35HRC。淬火时可空冷，硬度可达 42～60HRC。

　　c. 25CrNi3MoAl。适用于型腔腐蚀花纹，属于时效硬化型钢。调质后硬度 23～25HRC，可用普通高速钢刀具加工。时效后硬度 38～42HRC。可以作渗氮处理，处理后表层硬度可达 11000HV。

　　⑤ 耐腐蚀钢（Cr16Ni4Cu3Nb（PCR））。为空冷淬火钢，属于不锈钢类型。空冷淬硬可达 42～53HRC，适用于制造聚氯乙烯及混有阻燃剂的热塑性塑料注射模具的成型零件。

　　⑥ 易切削钢（4Cr5MoSiVS）。用于制造大型热塑性塑料注射模中的形状不太复杂的成型零件冷淬火、二次回火，硬度可达 43～46HRC。

　　⑦ 高速钢基体钢（65Cr4W3Mo2VNb（65Nb）、7Cr7Mo3VSi（LD2）、6Cr4Mo3Ni2WV（CG-2）、5Cr4Mo3SiMnVAl（012Al））。适用于小型、精密、形状复杂的型腔及嵌件，热处理后耐磨性优。

　　（二）冲压模具材料

　　冲压模具中使用了各种金属材料和非金属材料，主要有碳钢、合金钢、铸铁、铸钢、硬质合金、低熔点合金、锌基合金、铝青铜、合成树脂、聚氨脂橡胶、塑料、层压桦木板等。制造模具的材料，要求具有高硬度、高强度、高耐磨性、适当的韧性、高淬透性和热处理不变形（或少变形）及淬火时不易开裂等性能。合理选取冲压模具材料及实施正确的热处理工艺是保证模具寿命的关键。对用途不同的冲压模具，应根据其工作状态、受力条件及被加工材料的性能、生产批量及生产率等因素综合考虑，并对上述要求的各项性能有所侧重，然后对钢种及热处理工艺作的相应选择。

　　（1）生产批量　当冲压件的生产批量很大时，模具工作零件的凸模和凹模材料应选取耐磨性好的模具钢。对于模具的其他工艺结构部分和辅助结构部分的零件材料，也要相应地提高。在批量不大时，应适当放宽对材料性能的要求，以降低成本。

　　（2）被冲压材料的性能、模具零件的使用条件　当被冲压加工的材料较硬或变形抗力较大时，冲模的凸、凹模应选取耐磨性好、强度高的材料。拉深不锈钢时，可采用铝青铜凹模，因为它具有较好的抗粘着性。导柱导套要求耐磨且具有较好的韧性，故多采用低碳钢表面渗碳淬火。碳素工具钢的主要不足是淬透性差，在冲模零件断面尺寸较大时，淬火后其中心硬度仍然较低，但是，在行程大的压床上工作时，由于它的耐冲击性好反而成为优点。对于固定板、卸料板类零件，不但要有足够的强度，而且要求在工作过程中变形小。另外，还可以采用冷处理和深冷处理、真空处理和表面强化的方法提高模具零件的性能。对于凸、凹模工作条件较差的冷挤压模，应选取有足够硬度、强度、韧性、耐磨性等综合力学性能较好的模具钢，同时应具有一定的热硬性和热疲劳强度等。

（3）材料性能　应考虑材料的冷热加工性能和工厂现有条件。

（4）降低生产成本　注意采用微变形模具钢，以减少机加工费用。

（5）开发专用模具钢　对特殊要求的模具，应开发应用具有专门性能的模具钢。

（6）考虑我国模具的生产和使用情况　选择模具材料要根据模具零件的使用条件来决定，做到在满足主要条件的前提下，选用价格低廉的材料，降低成本。

## 复习思考题

5-1　什么是模具寿命？模具有哪些失效形式？

5-2　影响模具寿命的因素有哪些？

5-3　塑料模具材料应满足哪些要求？常用的塑料模具材料有哪些？

5-4　如何选用冲压模具材料？

# 参 考 文 献

[1]　赵孟栋．冷冲模设计［M］．北京：机械工业出版社，2007.
[2]　丁松聚．冷冲模设计［M］．北京：机械工业出版社，2002.
[3]　翁其金．冷冲压与塑料成型——工艺及模具设计［M］．北京：机械工业出版社，1994.
[4]　钟毓斌．冲压工艺与模具设计［M］．北京：机械工业出版社，2000.
[5]　塑料模设计手册编写组．塑料模设计手册［M］．北京：机械工业出版社，1994.
[6]　翁其金．塑料模塑工艺与塑料模设计［M］．北京：机械工业出版社，1999.
[7]　黄健求．模具制造［M］．北京：机械工业出版社，2001.
[8]　柳燕君，杨善义．模具制造技术［M］．北京：高等教育出版社，2002.
[9]　卜建新．塑料模具设计［M］．北京：中国轻工业出版社，1999.
[10]　范有发．冲压与塑料成型设备［M］．北京：机械工业出版社，2001.
[11]　马金俊．塑料挤出成型模具设计［M］．北京：中国轻工业出版社，1993.
[12]　黄汉雄．塑料吹塑技术［M］．北京：化学工业出版社，1996.
[13]　锻模设计手册编写组．锻模设计手册［M］．北京：机械工业出版社，1991.
[14]　吕炎．锻造工艺学［M］．北京：机械工业出版社，1995.
[15]　卢险峰．冷锻工艺与模具［M］．北京：机械工业出版社，1999.
[16]　吕炎．锻件组织性能控制［M］．北京：国防工业出版社，1988.
[17]　吴柏诚．玻璃制造工艺基础［M］．北京：中国轻工业出版社，1999.
[18]　范垂德．玻璃模具与瓶型设计［M］．北京：中国轻工业出版社，1981.
[19]　李绍林，马长福．实用模具技术手册［M］．上海：上海科学技术文献出版社，2000.
[20]　中国模具设计大典编委会．中国模具设计大典［M］．南昌：江西科学技术出版社，2002.
[21]　吴春苗．压铸技术手册［M］．广州：广东科技出版社，2006.
[22]　潘宪曾．压铸模设计手册［M］．北京：机械工业出版社，2006.